变电站运维人员
继电保护技能培训教材

主　编　朱　伟
副主编　黄国良　仇群辉　周富强
　　　　杨　波　倪　堃

中国电力出版社
CHINA ELECTRIC POWER PRESS

内 容 提 要

本书立足现场检测实际和相关的理论基础，论述了各类变电设备的基本概念、运行维护要点、异常处理，以及典型案例，以理论与实践相结合的方式，系统地、针对性地梳理了变电“全科医生”所需掌握的二次技能相关的基础知识，旨在全面提升变电运维人员对变电设备二次技能的掌握水平，帮助现场工作人员扎实彻底掌握二次运检技能，从而提升基层运维人员二次设备检修、故障排查的核心能力。

本书内容新颖、语言通俗、实用性强、突出理论和实践的结合，可供电力企业运行管理人员和技术人员使用，也可供其他相关人员学习参考。

图书在版编目（CIP）数据

变电站运维人员继电保护技能培训教材/朱伟主编．—北京：中国电力出版社，2023.11（2025.12重印）

ISBN 978-7-5198-8185-6

Ⅰ.①变…　Ⅱ.①朱…　Ⅲ.①变电所-电力系统运行-继电保护-技术培训-教材　Ⅳ.①TM63

中国国家版本馆CIP数据核字（2023）第190274号

出版发行：中国电力出版社
地　　址：北京市东城区北京站西街19号（邮政编码100005）
网　　址：http：//www.cepp.sgcc.com.cn
责任编辑：邓慧都
责任校对：黄　蓓　常燕昆
装帧设计：赵丽媛
责任印制：石　雷

印　　刷：北京天泽润科贸有限公司
版　　次：2023年11月第一版
印　　次：2025年12月北京第二次印刷
开　　本：710毫米×1000毫米　16开本
印　　张：9.75
字　　数：173千字
定　　价：58.00元

编 委 会

前　言

近年来，随着电网规模的不断扩大，变电设备的体量逐年增加，而一线运维人数相比十年前未有增加，人均工作量明显增加，造成变电运维一线人员掌握的运维专业知识理论深度不够、新进人员技术水平尚不足以独当一面、老龄化严重、人才梯队建设相对落后。特别是二次专业设备可靠性相对较低、消缺较多，目前运维人员对二次专业的技能掌握相对浅显，多数人无法从回路走向、工作原理、异常分析等方面做深入的认知，导致现场异常处置、缺陷判断等方面存在效率低下问题，因此，在生产实际中迫切需要加强变电运维专业与二次专业融合，提升变电运维人员消缺水平。本书编者所在单位对运维人员结合现场检修工程针对性开展了继电保护“干练式”培训，过程中科学制订培养方案、系统编制学习要点，按照二次专业学习上“重回路、兼原理”的思路，开展二次识图、二次设备校验、异常消缺等理论及实操培训，提高了运维人员能识图、理回路、讲原理、真动手、查缺陷、会分析的能力。培训以运维专业到二次专业再回归到运维专业为思路，拓宽了运维学习的深度和广度，极大地提升了变电运维人员的综合技能水平，提升了现场异常处置效率。因此，按照运维专业特点，编制一本知识系统、内容全面、针对性强的变电“全科医生”二次技能提升培训教材，对提升变电运维人员综合技能具有必要性和实践指导意义。

本书立足现场检测实际和相关的理论基础，按照设备分类，全面梳理变电“全科医生”所需掌握的二次相关知识，根据工程实践将现场所需的运维专业基础、相关的二次专业知识原理进行针对性讲解、对专业融合的缺陷实践进行分析。全面提升现场变电“全科医生”的二次技能水平，有助于帮助现场工作人员扎实彻底的掌握二次技能、二次保护运行原理，提升一线运维人员的分析判断、缺陷消除能力，为变电全业务核心能力的提升和全科医生队伍建设提供人才和技术保障。

本书为《变电站运维人员继电保护技能培训教材》，主要内容包括二次回路的基础介绍，各类常见、典型变电设备的功能介绍、运行维护、二次回路讲解以及“全科医生”在运维一体工作中遇到的典型缺陷分析与处理。在编写过程中得到了国家电网有限公司系统相关单位和人员的大力支持，在此一并表示衷心的感谢。

由于编写人员水平有限，书中难免有疏漏和不足之处，敬请专家和读者批评指正。

编者

2023 年 6 月

目 录

1 概 述

1.1 变电“全科医生” 培育背景

为深入贯彻国家电网有限公司（简称公司）战略目标和“一体四翼”发展布局，加快构建现代设备管理体系，培养高素质技能人才队伍，做实做强做优基层班组，夯实公司高质量发展基础，2021 年 10 月 29 日，公司发布了《国家电网有限公司关于加强设备运检全业务核心班组建设的指导意见》（简称《指导意见》），要求聚焦公司主责主业，围绕班组业务能力提升和高素质技能人才队伍建设，提升各类运检班组全业务自主实施能力，确保班组核心业务“自己干”“干得精”，常规业务和其他业务“干得了”“管得住”。建成“作业自主、安全可控、技能过硬、创新高效”的设备运检全业务核心班组，培养新时代生产技能人才队伍，服务构建以新能源为主体的新型电力系统，为建设具有中国特色国际领先的能源互联网企业奠定坚实基础。

《指导意见》要求重点开展运维一体化业务，强化设备主人履责能力，着力培养变电“全科医生”，提升自主运维和应急处置能力；拓展融合型班组范围，总结试点建设经验，有序拓展至各专业，以业务融合打破专业间壁垒，促进班组人员综合能力提升，引导班组员工向“一专多能”转型，提升班组人员跨专业全业务实施能力。

1.2 变电“全科医生” 培育重点

根据《指导意见》的全业务核心班组建设要求，紧紧把握“全科医生”定位，结合设备运检班组核心业务清单，编者单位针对变电运维班组重点开展了变电“全科医生”的培育，全面构建设备主人制体系，有效保证设备本质安全。探索构建以落实设备主人制为核心的运检班组，实现运维班向运检班的100%转型升级，过程中大力培育班组变电“全科医生”，在传统运维业务基础上，持续推进119项运维一体化业务自主实施，培训拓展专业带电检测、异常分析及查找定位、一二次设备的简单缺陷处理等业务，最终具备单间隔C级、D级检修的能力和一般缺陷的处理能力，进而提高缺陷处理和故障抢修效率，实现提升应急水平、提高运检生产效率的最终目标。

在“全科医生”运检业务培育的实践探索过程中，变电二次专业与传统的运维专业具有较高的融合度，变电运维人员掌握或提升相应的二次技能（特别是二次回路的相关知识）后，第一时间自主处置率、准确研判率、自主实施率明显提升，掌握一定的变电设备运行维护知识，对运检效率的提升效果非常显著，特别是在缺陷的定性、简易缺陷的消除、简单的调试维护、设备验收等多个方面都发挥了积极的作用。

2 二次回路基础

2.1 二次回路的基本概念

2.1.1 二次回路的定义

二次回路是指将二次设备按一定的要求相互连接，实现对一次设备运行状况的监测、控制、调节及保护等功能的电气回路。

其中，一次设备是指发、输、变、配电系统中使用的电气设备，例如发电机、输电线路、电力电缆、母线、变压器、断路器、隔离开关、电流互感器（TA）、电压互感器（TV）、避雷器等。二次设备是指对电力系统及一次设备的运行状况进行监视、控制、调节及保护，如测量仪表、控制及远动装置、自动装置等，为运检人员提供一次设备的运行状况或生产指挥信号所需的电气设备。

2.1.2 二次回路的分类

二次回路整体简图如图 2-1 所示。

2.1.2.1 按电源性质分类

二次回路按电源性质分为交流回路和直流回路。其中交流回路又可分为交流电压回路、交流电流回路。

1. 交流回路

交流电压回路是指由电压互感器二次侧及三相五柱电压互感器开口三角经升压变压器转换为低压，供电给测量仪表及继电器等所有电压线圈以及信号电源。

交流电流回路是指由电流互感器二次侧供电给测量仪表及继电器的电流线圈等所有电流元件的全部回路。

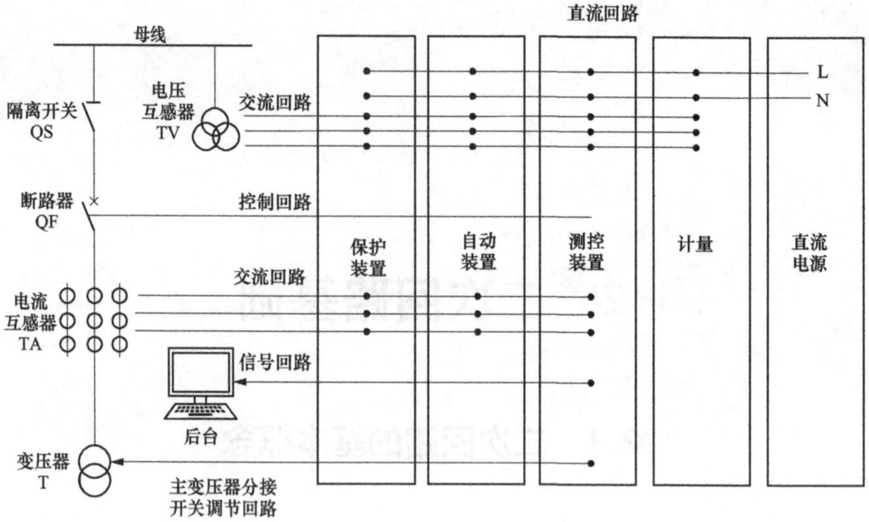

图 2-1　二次回路整体简图

2. 直流回路

直流回路是指使用所变输出经变压、整流后的直流电源。直流回路又可分为控制（操作）回路、信号回路等。

2.1.2.2　按用途分类

二次回路按用途分为测量回路、继电保护和自动装置回路、控制（操作）回路、信号回路、断路器和隔离开关的电气闭锁回路、操作电源回路等。

1. 测量回路

测量回路由各种测量仪表及其相关回路组成，其作用是指示或记录电力系统及一次设备的运行参数，以便于运检人员掌握一次系统的运行状况，同时也作为主设备运行工况、电能质量分析、经济指标计算和系统潮流计算的主要依据之一。

变电站的测量是靠电压互感器、电流互感器实现的。一方面，互感器将一次回路的高电压、大电流转化为二次回路的低电压、小电流，传送给测量仪表、远动和自动化装置，以便实时监测电力系统的电压和电流变化情况；另一方面，互感器实现一次回路与二次回路的电气隔离，保证了二次设备和人身安全。

2. 继电保护和自动装置回路

继电保护和自动装置回路由测量部分、比较部分、逻辑部分及执行部分等构成。继电保护和自动装置回路是根据一次设备和系统的运行状态，在系统发生异常情况或故障时自动判别，自动发出相应的信号或通过跳开断路器命令有选择性地切除故障，并在异常情况或故障消失后，快速投入相应的断路器（重合闸及备用电源自动投入装置），从而恢复系统的正常运行。

3. 控制（操作）回路

控制（操作）回路是由控制开关与控制对象（一次设备，如断路器、隔离开关）的传递机构、执行（或操动）机构组成。包括从操作电源到断路器分合闸线圈之间全部相关的元件，如控制开关、熔断器、接线端子、中间继电器的线圈和触点等。控制（操作）回路是对控制对象进行“合闸”“跳闸”操作。

4. 信号回路

信号回路包括音响回路（电笛、警铃）、光字牌回路，是由信号继电器及保护元件到中央信号盘或由操动机构到中央信号盘的回路，用于反映一、二次设备的工作状况。

5. 电气闭锁回路

电气闭锁回路利用一次设备如断路器、隔离开关等设备的辅助触点来接通或断开电气操作电源，从而实现闭锁目的。

6. 防跳回路

因合闸脉冲存在，合闸回路接通，当合闸于故障点时，保护将动作跳开断路器，但合闸脉冲一直存在，断路器将合闸于故障点上，保护再将断路器跳开，断路器将反复分合，该情况称为开关跳跃。防跳回路目的即防止发生开关跳跃的情况。

2.2　二次回路的标号原则

二次回路的文字标号、图形符号和回路标号都有统一的国家规定。图形符号和文字标号表示和区别二次回路图的电气设备，回路标号是区别电气设备之间相互连接的各回路。常用的部分文字标号和图形符号见表 2-1、表 2-2。

本节着重介绍二次回路的回路标号。二次回路的回路标号是根据等电位的原则标注，即电气回路中同一点的导线用同一个数字表示，当回路经过开关或继电器辅助触点等后，考虑到触点断开时两端已不是等电位，则编号不同。直流回路编号从正电源开始，以奇数顺序编号，直到最后一个压降元件为终止。若最后一个压降元件不是连接在负电源上，而是通过连接片、开关或继电器触点接在负电源上，则自负电源开始从偶数顺序编号至上述已有编号的触点为止。

表 2-1　　　　二次回路常用文字标号

序号	名称	字母	序号	名称	字母
1	电容器	C	12	断路器	QF
2	保护器件	F	13	隔离开关	QS
3	熔断器	FU	14	电阻器	R
4	发电机	G	15	控制电路开关（按钮）	S(SB)
5	信号器件	H	16	变压器	T
6	红色信号灯	HR	17	电流互感器	TA
7	绿色信号灯	HG	18	电压互感器	TV
8	继电器（接触器）	K(KM)	19	晶体管	V
9	电感器	L	20	控制电路用电源整流器	VC
10	电动机	M	21	端子	X
11	电力电路开关	Q	22	电气操作的机械器件	Y

表 2-2　　　　二次回路常用图形符号

序号	名称	符号	序号	名称	符号
1	断路器		6	电流互感器	
2	隔离开关	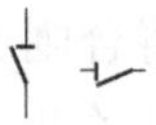	7	电压互感器	
3	双绕组变压器	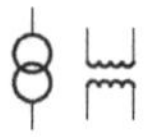	8	电缆出线	
4	三绕组变压器	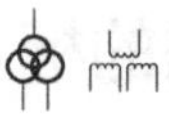	9	电流表	
5	信号灯		10	电压表	

为了便于二次回路设计、施工与日常维护的统一，根据编号能进行正确的连接，对于交流回路，为区分相别，在数字前再加上 A、B、C、N 等字母符号，针对不同用途的回路规定了数字范围，特别是相对重要的回路（例如直流正、负电源、跳合闸回路等）都确定了固定的编号，对二次回路的电缆编号及端子号作如下说明。

2.2.1　本间隔电缆的编号

从 101 开始编号，以先间隔各个电气设备至端子箱电缆，再由端子箱至主控室电缆，先电流回路，后控制回路，再信号回路，最后其他回路（如电气联锁回路，电源回路）的顺序，逐条编号，同一间隔电缆编号不得重复。电缆所在一次间隔的种类，采用英文大写字母表示。

（1）主变压器：1B(1 号主变压器)、2B(2 号主变压器)。

（2）电压互感器：EYH(220kV 电压互感器)、YYH(110kV 电压互感器)、UYH(35kV 电压互感器)、SYH(10kV 电压互感器)。

（3）线路：EX(220kV 线路)、YX(110kV 线路)、UX(35kV 线路)、SX(10kV 线路)。

（4）电容器：UC(35kV 电容器)、SC(10kV 电容器)。

（5）电抗器：UK(35kV 电抗器)、SK(10kV 电抗器)。

（6）接地变压器及消弧线圈：UQ(35kV 接地变压器)、SQ(10kV 接地变压器)。

（7）站用变压器：1SB(1 号站用变压器)、2SB(2 号站用变压器)。

（8）母联断路器：EML(220kV 母联断路器)、YML(110kV 母联断路器)、UML(35kV 母联断路器)、SML(10kV 母联断路器)。

（9）母线分段断路器：EFD(220kV 母线分段断路器)、YFD(110kV 母线分段断路器)、UFD(35kV 母线分段断路器)、SFD(10kV 母线分段断路器)。

（10）母线差动保护：EMB(220kV 母线差动保护)、YMB(110kV 母线差动保护)、UMB(35kV 母线差动保护)。

（11）其他：ZL(直流)、SD(交流)、GY(公用)、LB(录波)、BZT(备用电源自动投入使用装置，简称备自投装置)、JR(加热)、WK(稳控)。

2.2.2 电源电缆编号

电源电缆联系全站同一一次电压等级的所有间隔，因此单独统一编号，一般从 01 开始依顺序编号。

101～129：继电保护室至室内、室外配电场所，开头为电流电压电缆编号；

131～149：继电保护室之间的电缆编号；

151～159：室内配电场所之间的电缆编号；

160～169：电容器（接地变压器）成套设备电缆编号，160 为电流或者电压电缆编号；

170～179：主变压器本体电缆编号，170 为电流电缆编号（零序和间隙用 A、B 加以区分）；

180A、B、C：户外电流互感器电缆编号；

181～189：户外配电场所电缆编号（断路器）；

190A、B、C：户外电压互感器电缆编号；

191～199：户外配电场所电缆编号（隔离开关）；

末位1表示1G，2表示2G，3表示3G，4表示4G；每个机构中的电缆编号加A、B、C、D、E用以区分；注意，当用于三绕组变压器时，电缆首位1表示高压侧，2表示中压侧，3表示低压侧。

2.2.3 端子号

1. 电流回路

一般电流互感器（TA）有四组绕组，编号保护用41，遥测、录波用42，计度用44，一组留作备用。相别（A、B、C、N）401～491，若TA绕组过多，中间表示绕组的位可以增加为两位。

母线差动电流：（A、B、C、N）320（220kV）、310（110kV）、330（35kV）、360（10kV）；零序电流：L401、N401；间隙电流L402、N402。

比较特殊的电流回路：220kV母线差动电流A320、B320、C320、N320；110kV母线差动电流A310、B310、C310、N310；主变压器中性点零序电流L401、N401；主变压器中性点间隙零序电流L402、N402。

2. 电压回路

一次电压等级由罗马数值表示，高压侧Ⅰ，中压侧Ⅱ，低压侧Ⅲ，零序电压不标。按照电压互感器所在的位置，电压互感器在Ⅰ母或者母线Ⅰ段上，保护遥测等用630，计度用630′，电压互感器在Ⅱ母或者母线Ⅱ段上，则分别用640与640′。相别A、B、C为三相电压，L为零序电压。

并列前电压601～609、N600。A609为线路电压，计量电压在后面加J或者′区别。并列后电压630（Ⅰ母电压）、640（Ⅱ母电压）、650（Ⅲ母电压）。重动后电压720（220kV）、710（110kV）、730（35kV）、760（10kV）。电压小母线1YMaI、1YMbI、1YMcI。电压回路接地端都统一编号N600，但是开口三角形接地端编号用N600′或者N600△以示区别。

传统的同期回路需要引入母线开口三角形电压回路的100V抽头用来与线路电压做同期比较，该抽头编号为Sa630或a630。

3. 控制回路

在控制回路中，01为正电、02为负电、03为手合、05为保护合、06为红灯、07为至合圈、08为闭锁重合闸、09为跳位监视、33为手分、35为保护跳、36为绿灯、37为至跳圈、39为合位监视，三跳回路Q33为保护三跳、R33为保护永跳、F33为非电量三跳。

4. 信号回路

701～999 范围的奇数编号，一般信号正电源 701，信号负电源 702，801～899 之间为遥测信号，901～999 之间为光字牌信号；隔离开关闭锁回路 881、882、883、884、…、899；隔离开关控制回路 KG、KGH、KGF；隔离开关母线回路～GBM、～PBM、～N、～IN、～IIN；电压重动回路 01、61a、63a、61b、63b、65、67、69；保护重动回路 Q101、57a、59a；Q201、57b、59b；母差重动回路 71、73、75、77、79；失灵启动回路：SL01 公共、SL03A、SL03B、SL03C、SL03 三相启动失灵；母联合后位置 03、母联跳位 05；解复压 07、失灵三跳开出 601，605；非电量回路 01（正电）、03（本体重瓦斯）、05（有载重瓦斯）、07（油温高跳闸）、11（压力释放）、13（压力突变）、15（本体轻瓦斯告警）、17（有载轻瓦斯告警）、19（本体油位异常）、21（有载油位异常）、23（油温高告警）、25（绕组温高告警）、27（风冷全停跳闸）。

2.3 二次接线图基本识图方法

二次接线图可分为二次施工图和二次安装图。二次施工图是变电站施工的依据和设计原则，是能将变电站的二次回路连为一体的工程安装图，包括原理图、展开图、屏面布置图、端子排图、安装接线图等。二次安装图是具体到保护屏、端子箱、机构箱等安装，需要与制造厂家的图纸进行比较的现场实际图纸，包括屏外（设计提供）、屏内（制造厂家提供）。在阅读二次接线图时遵循以下的原则，便于更快掌握二次回路。

1. 先看一次回路，再看二次回路

图中既有一次回路，又有二次回路时，先看一次回路部分，把一次回路中的设备和工作用途了解清楚后，再看二次回路部分的作用。

2. 先看交流，再看直流

先看二次接线图的交流回路，把交流回路看完弄懂后，根据交流回路的电气量以及在系统中发生故障时这些电气量的变化特点，向直流逻辑回路推断，再看直流回路。一般来说，交流回路比较简单，容易看懂，以图 2-2 为例。二次设备作为一次设备保护监控装置，必须对一次设备电压电流进行采样，从而进行判断处理，所以看二次回路图，需先了解交流回路，再看直流回路。

3. 交流看电源，直流找线圈

交流回路要从电源入手，交流回路有交流电流和电压回路，以图 2-3 为

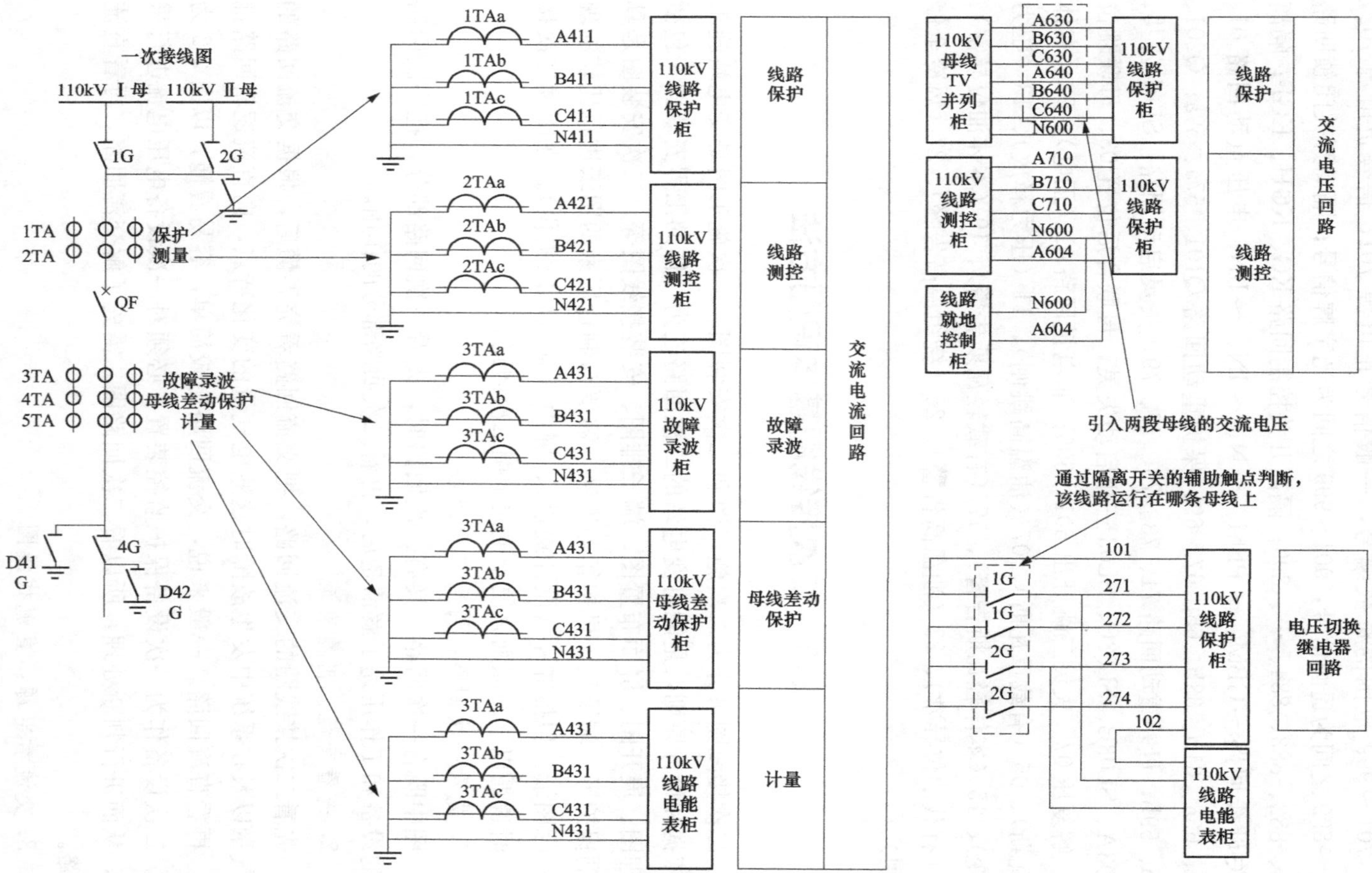

图 2-2　110kV 线路交流回路图

例，先找出电源来自哪组电流互感器或哪组电压互感器，在两种互感器中传输的电流量或电压量起什么作用，与直流回路有何关系，这些电气量是由哪些继电器反映出来的，找出它们的符号和相应的触点回路，看它们用在什么回路，与什么回路有关。

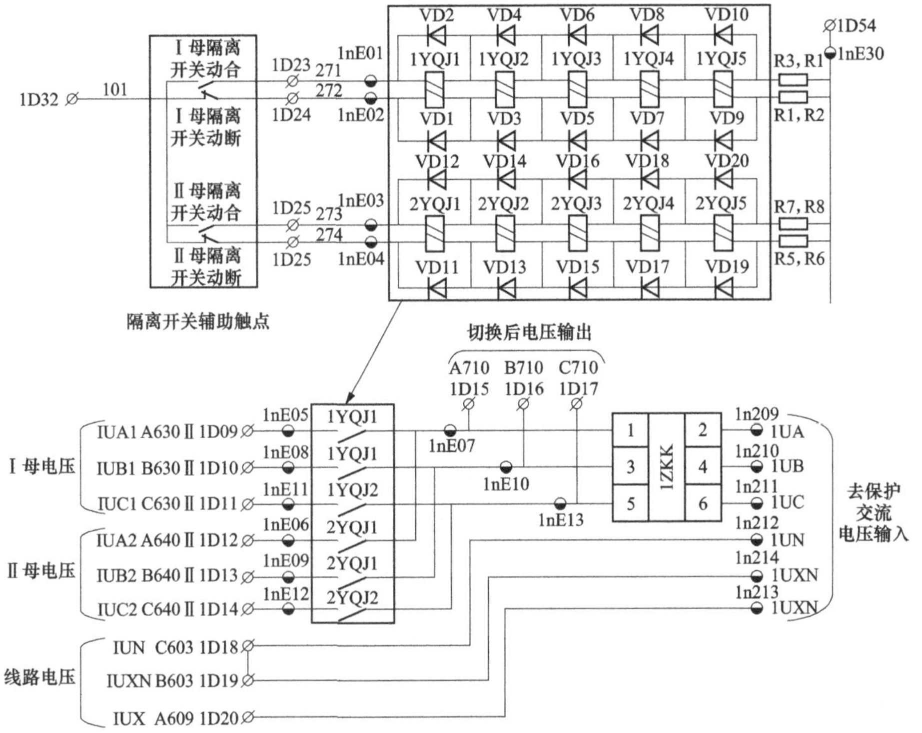

图 2-3　110kV 线路交流回路图

4. 抓住触点不放松，一个一个全查清

找到继电器线圈后，再找出与之相对应的触点。根据触点闭合或开断后回路的变化情况，再做进一步的分析，直至查清整个逻辑回路的动作过程。

5. 先上后下，先左后右，屏外设备一个也不漏

看端子排图要配合展开图来看，如图 2-4 所示。展开图上凡屏内与屏外有联系的回路，均在端子排图上有一个回路标号。端子排图是一系列数字和文字符号的集合，把它与展开图结合起来看就可清楚它的连接回路。

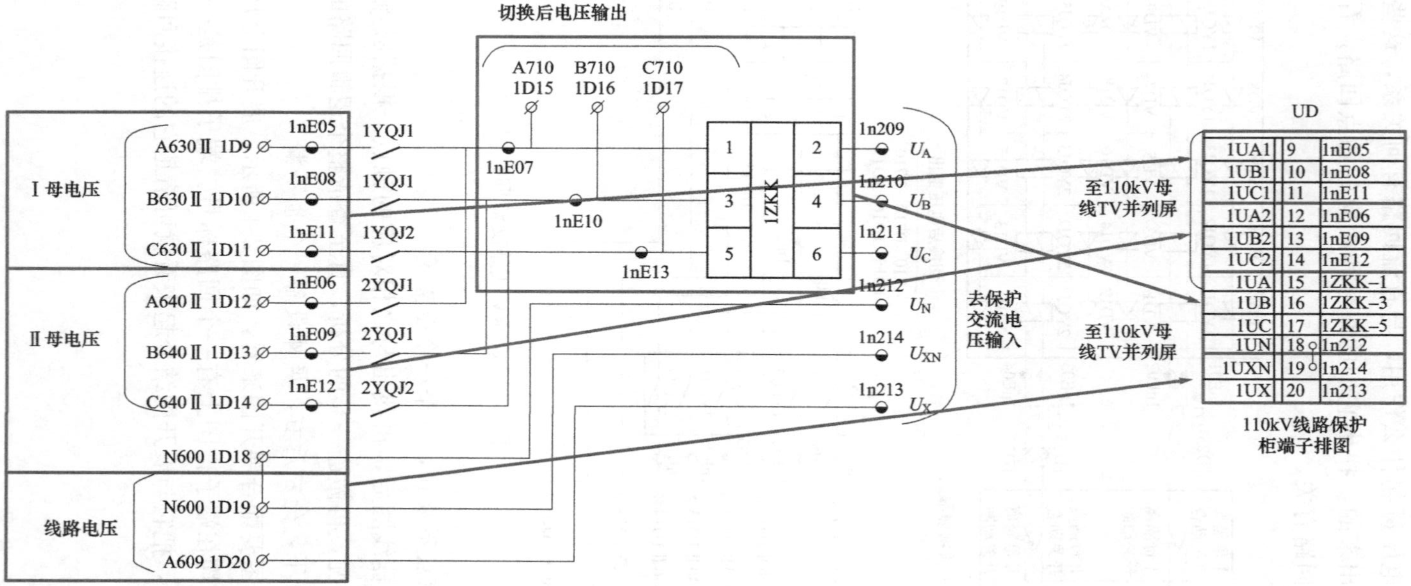

图 2-4 110kV 线路交流回路图

3

3 变电站交直流电源系统

3.1 变电站交流电源系统

3.1.1 概述

变电站站用交流电源系统是变电站的重要组成部分，为站内一、二次设备及辅助设施等提供可靠的工作电源、操作电源及动力电源，是变电站安全运行、防止变电站全停的重要保障。

3.1.2 基本组成及功能

1. 系统构成

变电站站用交流电源系统主要包括站用交流变压器、交流进线（联络）柜、交流配电柜、自动切换装置、交流供电网络及保护测控等。

2. 各组件功能

（1）站用交流变压器。站用交流变压器电源取自两台不同主变压器分别供电的母线，保证站内不会失去交流电源。

（2）交流进线（联络）柜、交流配电柜。交流进线柜起交流电源控制及监视作用，主要包含两组主备自动切换装置以及交流母线的电流、电压监视器。配电柜则起分配交流电源的功能，并监视各个馈线的空气断路器状态。

（3）站内馈线及用电元件。主要包括以下几类：①直流系统；②交流操作电源（包括电动隔离开关操作）；③主变压器强迫油循环风冷系统；④不间断电源（UPS）逆变电源；⑤主变压器有载调压装置；⑥设备加热、驱潮、照明；⑦检修电源箱、试验电源屏；⑧SF_6 监测装置；⑨配电室正常及事故排风扇电源，生活、照明等交流电源。

3. 低压交流断路器及熔断器配置

（1）站用交流电源系统馈线宜采用断路器，禁止断路器与熔断器混用。

(2) 变电站内如没有对电能质量有特殊要求的设备，不应采用具有低电压自动脱扣功能的断路器。

(3) 检修电源箱应配置剩余电流动作保护装置。

(4) 各级断路器动/热稳定、开断容量和级差配合应配置合理。

(5) 设计单位应提供各级断路器或熔断器的级差配合参数和站用交流系统中空气断路器上下级差配置图。

3.1.3 交流系统典型接线方式

(1) 两台站用变压器带自动转换开关（ATS）接线方式如图 3-1 所示。

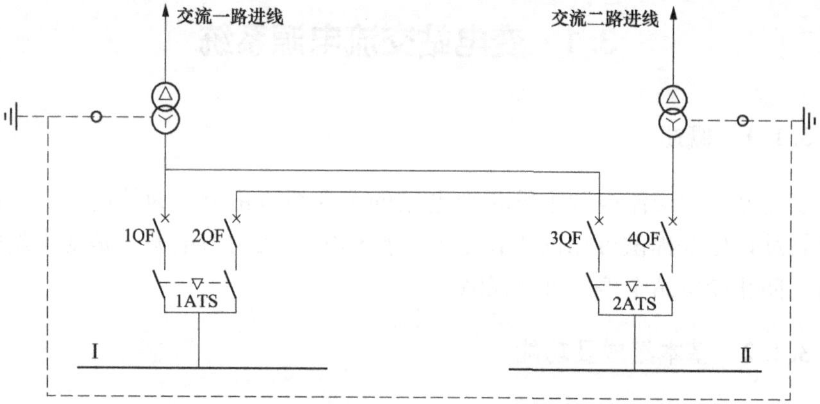

图 3-1　两台站用变压器带 ATS 的交流接线方式

(2) 两台站用变压器不带 ATS 接线方式如图 3-2 所示。

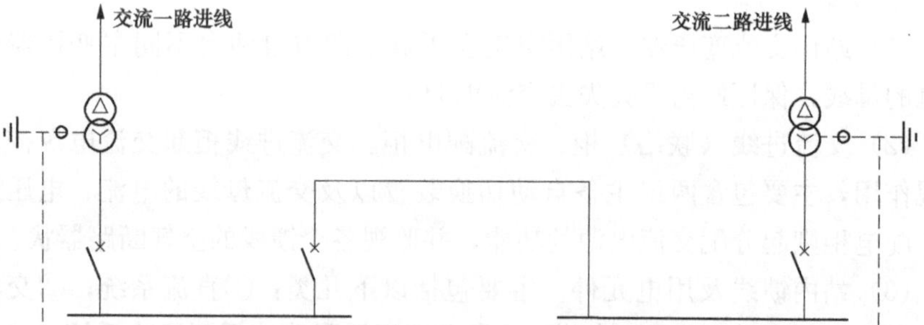

图 3-2　两台站用变压器不带 ATS 的交流接线方式

(3) 三台站用变压器带 ATS 接线方式如图 3-3 所示。

(4) 三台站用变压器不带 ATS 接线方式图 3-4 所示。

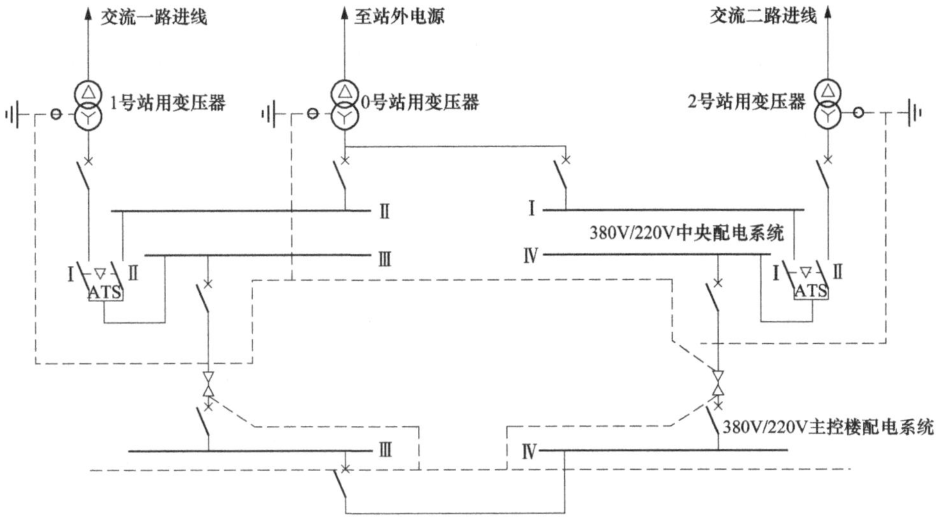

图 3-3　三台站用变压器带 ATS 的交流接线方式

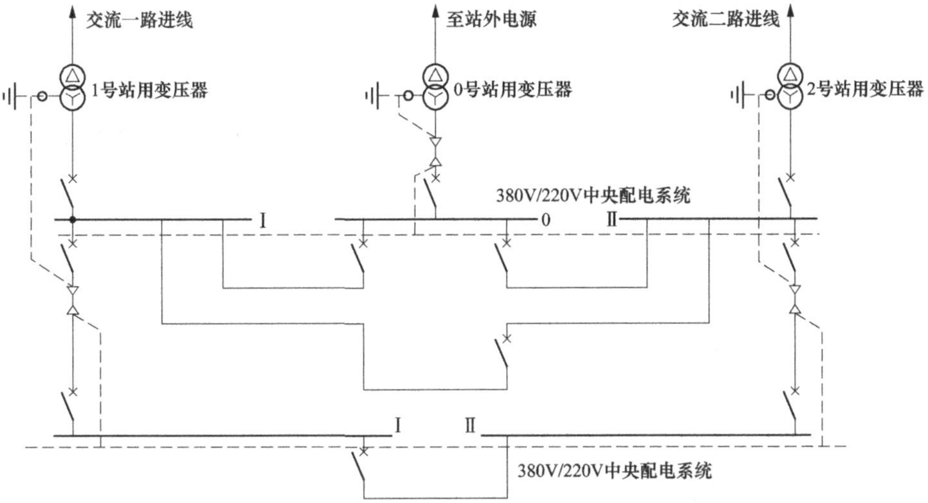

图 3-4　三台站用变压器不带 ATS 的交流接线方式

3.1.4　交流系统维护管理

1. 低压熔断器更换

（1）熔断器损坏，应查明原因并处理后方可更换。

（2）应更换为同型号的熔断器，再次熔断不得试送，联系检修人员处理。

2. 照明及指示灯更换

(1) 屏柜体维护要求及屏柜内照明回路维护要求参照站用交流电源系统运维细则中端子箱部分相关内容。

(2) 指示灯更换要求参照站用交流电源系统运维细则中油浸式变压器（电抗器）部分相关内容。

3. 站用交流不间断电源（UPS）装置除尘

(1) 定期清洁 UPS 装置柜的表面、散热风口、风扇及过滤网等。

(2) 维护中做好防止低压触电的安全措施。

4. 站用交流不间断电源（UPS）装置红外检测

(1) 必要时应对交流电源屏、交流不间断电源屏等装置内部件进行检测。

(2) 重点检测屏内各进线开关、联络开关、馈线支路低压断路器、熔断器、引线接头及电缆终端。

(3) 配置智能机器人巡检系统的变电站，有条件时可由智能机器人完成红外普测和精确测温，由专业人员进行复核。

3.1.5 交流系统方式要求

1. 站用交流系统接线方式

(1) 站用交流电的低压系统应采用三相四线制，系统的中性点直接连接至站用变压器中性点，就地引至接地点直接接地并单点接地。站用电交流系统的额定电压应设置为 380V/220V。

(2) 站用交流电的交流母线应采用相互独立的单母线，每条母线按照其工作变压器划分。相邻两段工作母线间可配置分段或联络断路器，正常运行时分列运行，并装设自动投入装置。

(3) 当任一台工作变压器退出时，专用备用变压器应能自动切换至失电的工作母线段继续供电。

2. 站用交流系统切换时注意事项

站用电源采用串联切换方式（先分后合）。不允许停电的重要交流电源，采用并联切换方式（短时并列）时，注意防止非同期。

3.2 变电站直流电源系统

3.2.1 概述

直流电源成套装置组成较复杂，由多种元件组成，主要包括蓄电池组、充电装置、直流进线断路器、馈线断路器等，以上元器件组合构成若干直流电源装置柜，现场工作中可经常布置在继电保护室或独立的小室。

3.2.2 基本组成及功能

1. 系统构成

站用直流电源系统主要由交流配电单元、集中监控单元、充电模块、蓄电池组、直流馈电单元、绝缘监测仪等设备构成。

2. 各组件功能

(1) 交流配电单元。将交流电源分别引入各个充电模块，由充电模块再向下分配，部分充电模块具备两路交流输入的自动切换的功能，该功能可提高直流系统供电的可靠性。工作中为了防止过电压损坏充电模块，交流配电设有防雷装置。

(2) 集中监控单元。负责实现直流电源系统的监测、控制和管理的功能模块。该系统采用以微处理器为核心的集散模式对充电模块、馈电回路、电池组、直流母线对地绝缘情况实施全方位监视、测量、控制，完全不需人工干预。

(3) 充电模块。提供电池所需电压输出的 AC/DC 智能高频开关变换器，其输出连接在电池母线上。基本功能是完成 AC/DC 变换，以输出稳定的直流电源实现系统最为基本的功能。

(4) 蓄电池组。蓄电池组是直流系统的重要组成部分，直流系统正常工作时将能量存储至蓄电池组中，当交流电源失去时，蓄电池组会释放自身先前存储电能，保证直流系统的稳定运行。

(5) 直流馈电单元。将直流电源经直流断路器分配到各直流用电设备。包括合闸（动力）回路、控制回路、闪光回路以及绝缘监测装置等，扩展功能为馈线故障跳闸报警。

(6) 绝缘监测仪。主要功能是实时监测直流母线和各支路的绝缘情况。当测量出某一支路的绝缘电阻下降超过设置的整定值时，会发出告警信号。

3.2.3 直流系统典型接线方式

1. 单蓄单充的直流系统接线方式

单台蓄电池、单套充电装置的直流系统接线方式如图 3-5 所示。

2. 两蓄两充的直流系统接线方式

两台蓄电池、双套充电装置的直流系统接线方式如图 3-6 所示。

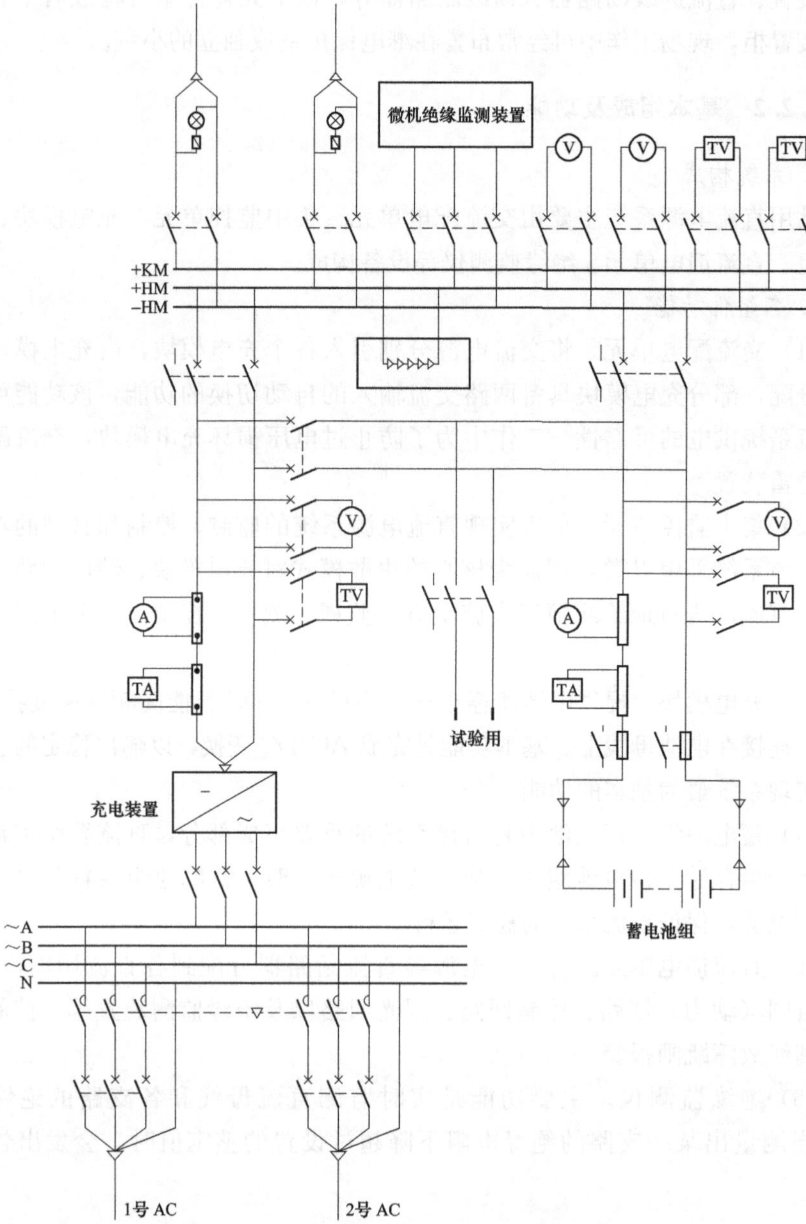

图 3-5　单蓄单充的直流系统接线方式

3.2.4　直流系统维护管理

1. 蓄电池组内阻测试

(1) 测试工作至少两人进行，防止直流短路、接地、断路。

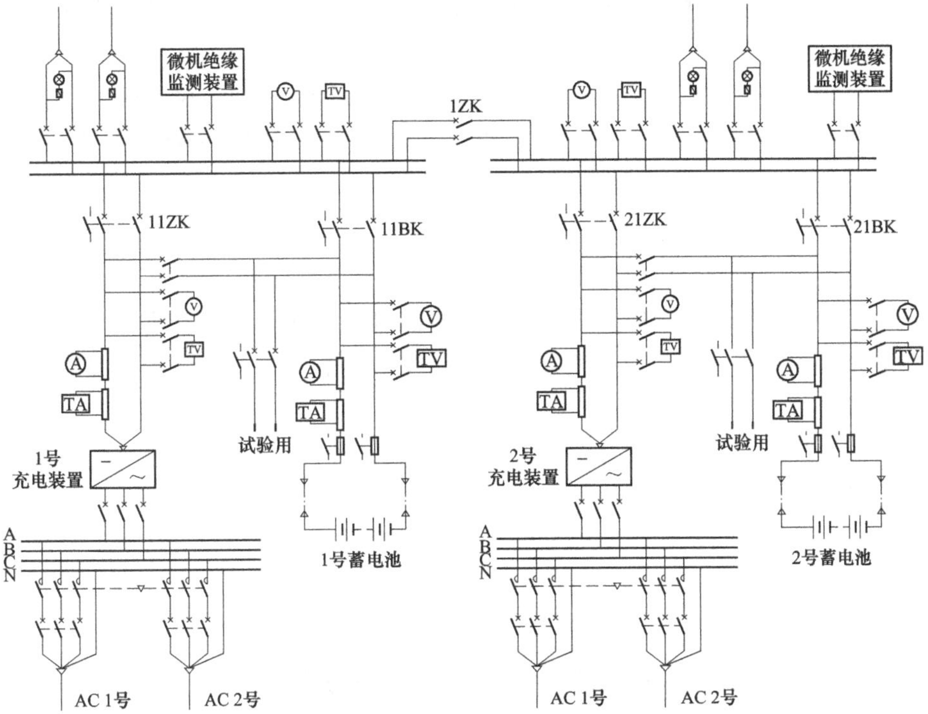

图 3-6　两蓄两充的直流系统接线方式

(2) 蓄电池内阻在生产厂家规定的范围内。

(3) 蓄电池内阻无明显异常变化，单只蓄电池内阻偏离值应不大于出厂值 10%。

(4) 测试时连接测试电缆应正确，按顺序逐一进行蓄电池内阻测试。

(5) 单体蓄电池电压测量应每月至少 1 次，蓄电池内阻测试应每年至少 1 次。

2. 蓄电池组熔断器更换

(1) 蓄电池熔断器损坏应查明原因并处理后方可更换。

(2) 检查熔断器是否完好、有无灼烧痕迹，使用万用表测量蓄电池熔断器两端电压，若电压不一致，表明熔断器损坏。

(3) 应更换为同型号的熔断器，再次熔断不得试送，联系检修人员处理。

3.2.5 直流系统方式要求

1. 一组蓄电池的直流电源系统接线方式

一组蓄电池的直流电源系统接线方式应符合下列要求：

(1) 当蓄电池单套配置且采用单套充电装置时，直流系统接线方式宜采用单母线接线方式。

(2) 当蓄电池单套配置且采用两套充电装置时，直流系统接线方式宜采用单母线分段接线方式，此时两套充电装置应分别接于不同的分段母线上，蓄电池组应跨接在两段母线上。

2. 二组蓄电池的直流电源系统接线方式

二组蓄电池的直流电源系统接线方式应符合下列要求：

(1) 直流电源系统应采用单母线分段的接线方式，两段直流母线之间应设联络开关。正常运行时，两段直流母线应分别独立运行，联络开关处于断开位置。

(2) 当蓄电池双套配置且采用两套充电装置时，每组蓄电池及其对应的充电装置应分别接入对应的母线。

(3) 独立配置的两组蓄电池的直流电源系统应满足在直流系统正常运行时两段独立的直流母线相互切换时任一段直流母线不中断供电的要求。

3.3 典型故障（异常）处置

3.3.1 交流系统典型故障（异常）

1. 站用交流系统母线全部失压

(1) 现象：

1) 监控系统发出保护动作告警信息，全部站用交流母线电源进线断路器跳闸，低压侧电流、功率显示为零。

2) 站用交流电源柜电压、电流仪表指示为零，低压断路器失压脱扣动作，馈线支路电流为零。

(2) 处理原则：

1) 检查系统失电引起站用电消失，拉开站用变压器低压侧断路器。

2) 若有外接电源的备用站用变压器，投入备用站用变压器，恢复站用电系统。

3) 汇报上级管理部门，申请使用发电车恢复站用电系统。

4) 检查蓄电池工作情况，短时无法恢复时，切除非重要负荷。

2. 站用交流系统一段母线失压

(1) 现象：

1) 监控系统发出站用变压器交流一段母线失压信息，该段母线电源进线断路器跳闸，低压侧电流、电压、功率显示为零。

2）一段站用交流电源柜电压、电流、功率表指示为零，低压断路器故障跳闸指示器动作，馈线支路电流为零。

（2）处理原则：

1）检查站用变压器高压侧断路器无动作，高压熔断器无熔断。

2）检查主变压器冷却设备、直流系统及 UPS 等重要负荷运行情况。

3）检查站用变压器低压侧断路器确已断开，拉开故障段母线所有馈线支路低压断路器，查明故障点并将其隔离。

4）合上失压母线上无故障馈线支路的备用电源开关（或并列开关），恢复失压母线上各馈线支路供电。

5）无法处理故障时，联系检修人员处理。

6）若站用变压器保护动作，按站用变压器故障处理。

3. 低压断路器跳闸、熔断器熔断

（1）现象：馈线支路低压断路器跳闸、熔断器熔断。

（2）处理原则：

1）检查故障馈线回路，未发现明显故障点时，可合上低压断路器或更换熔断器，试送一次。

2）试送不成功且隔离故障馈线后，或查明故障点但无法处理，联系检修人员处理。

4. 站用交流不间断电源装置交流输入故障

（1）现象：

1）监控系统发出 UPS 装置失电交流失电告警。

2）UPS 装置蜂鸣器告警，失电指示灯灭，装置面板显示切换至直流逆变输出。

（2）处理原则：

1）检查主机已自动转为直流逆变输出，主、从机输入/输出电压及电流指示是否正常。

2）检查 UPS 装置是否过负荷，各负荷回路对地绝缘是否良好。

3）联系检修人员处理。

5. 备自投装置异常告警

（1）现象：备用电源自动投入使用（简称备自投）装置发出闭锁、失电告警等信息。

（2）处理原则：

1）检查备自投方式是否选择正确，检查备自投装置交流输入情况。

2）检查备自投装置告警是否可以复归，必要时将备自投装置退出运行，联系检修人员处理。

3）外部交流输入回路异常或断线告警时，如检查发现备自投装置运行灯熄灭，应将备自投装置退出运行。

4）备自投装置电源消失或直流电源接地后，应及时检查，停止现场与电源回路有关的工作，尽快恢复备自投装置的运行。

5）备自投装置动作且备用电源断路器未合上时，应在检查工作电源断路器确已断开，站用交流电源系统无故障后，手动投入备用电源断路器。工作电源断路器恢复运行后，应查明备用电源拒合原因。

6）对于成套备自投装置，在排除上述可能的情况下，可采取断开装置电源再重启一次的方法检查备自投装置异常告警是否恢复。

3.3.2 直流系统典型故障（异常）

1. 直流系统接地

（1）现象：

1）监控系统发出直流接地告警信号。

2）绝缘监察装置发出直流接地告警信号并显示接地支路。

3）绝缘监察装置显示接地极对地电压下降、另一极对地电压上升。

（2）处理原则：

1）对于220V直流系统两极对地电压绝对值差超过40V或绝缘阻值降低到25kΩ以下，110V直流系统两极对地电压绝对值超过20V或绝缘阻值降低到15kΩ以下，48V直流系统任一极对地电压有明显变化或绝缘阻值降低到1.7kΩ时，应视为直流系统接地。

2）直流系统接地后，运维人员应记录时间、接地极、绝缘监测装置提示的支路号和绝缘电阻等信息。用万用表测量直流母线正对地、负对地电压，与绝缘监测装置核对后，汇报调控人员。

3）出现直流系统接地故障时应及时消除，同一直流母线段，当出现两点接地时，应立即采取措施消除，避免造成继电保护、断路器误动或拒动故障。

（3）直流接地查找方法及步骤：

1）发生直流接地后，首先应判断是否天气原因导致直流接地，再考虑是否站内有二次相关工作，如站内有二次相关工作或有其他检修试验工作时，应立即断开直流试验电源判断是否为检修工作所引起。

2）比较潮湿的天气，应首先重点对端子箱和机构箱直流端子排做一次检查，对凝露的端子排用干抹布擦干或用电吹风烘干，并投入驱潮加热器。

3）对于非控制及保护回路可使用拉路法进行直流接地查找。按事故照明、防误闭锁装置回路、户外合闸（储能）回路、户内合闸（储能）回路的顺序进行。对于其他回路，应在检修人员到现场后，配合进行查找并处理。

4）保护及控制回路宜采用便携式仪器带电查找的方式进行，如需采用拉路的方法，应汇报调控人员，申请退出可能误动的保护。

5）用拉路法检查未找出直流接地回路，应联系检修人员处理。当发生交流窜入问题时，参照交流窜入直流处理。

2. 蓄电池容量不合格

（1）现象：

1）蓄电池组容量低于额定容量的80%。

2）蓄电池内阻异常或者电池电压异常。

（2）处理原则：

1）发现蓄电池内阻异常或者电池电压异常时，应开展核对性充放电。

2）用反复充放电方法恢复容量。

3）若连续三次充放电循环后，仍达不到额定容量的100%，应加强监视，缩短单个电池电压普测周期。

4）若连续三次充放电循环后，仍达不到额定容量的80%，应联系检修人员处理。

3. 直流母线电压异常处理

（1）现象：

1）监控系统发出直流母线电压异常等告警信号。

2）直流母线电压过高或者过低。

（2）处理原则：

1）测量直流系统各极对地电压，检查直流负荷情况。

2）检查电压继电器动作情况。

3）检查充电装置输出电压和蓄电池充电方式，综合判断直流母线电压是否异常。

4）因蓄电池未自动切换至浮充电运行方式导致直流母线电压异常，应手动调整到浮充电运行方式。

5）因充电装置故障导致直流母线电压异常，应停用该充电装置，投入备用充电装置；或调整直流系统运行方式，由另一段直流系统带全站负荷。

6）检查直流母线电压正常后，联系检修人员处理。

4. 直流电源系统失压

（1）现象：

1）监控系统发出直流电源消失告警信息。

2）直流负荷部分或全部失电，保护装置或测控装置部分或全部出现异常并失去功能。

（2）处理原则：

1）直流部分消失，应检查直流消失设备的直流断路器是否跳闸、接触是否良好。检查无明显异常时可对跳闸断路器试送一次。

2）直流屏直流断路器跳闸，应对该回路进行检查，在未发现明显故障现象或故障点的情况下，允许合直流断路器送一次，试送不成功则不得再强送。

3）直流母线失压时，首先检查该母线上蓄电池总熔断器是否熔断，充电机直流断路器是否跳闸，再重点检查直流母线上设备，找出故障点，并设法排除。更换熔丝，如再次熔断，应联系检修人员来处理。

4）如果全站直流消失，应先检查充电机电源是否正常，蓄电池组及蓄电池总熔断器（断路器）是否正常，直流充电模块是否正常、有无异味，降压硅链是否正常。

5）如因各馈线支路直流断路器拒动越级跳闸，造成直流母线失压，应拉开该支路直流断路器，恢复直流母线和其他直流支路的供电，然后再查找、处理故障支路故障点。

6）如因充电机或蓄电池本身故障造成直流一段母线失压，应将故障的充电机或蓄电池退出，并确认失压直流母线无故障后，用无故障的充电机或蓄电池试送，正常后对无蓄电池运行的直流母线，合上直流母联断路器，由另一段母线供电。

7）如果直流母线绝缘检测良好，直流馈电支路没有越级跳闸的情况，蓄电池直流断路器没有跳闸（熔丝熔断）而充电装置跳闸或失电，应检查蓄电池接线有无短路，测量蓄电池无电压输出，断开蓄电池直流断路器。合上直流母联断路器，由另一段母线供电。

5. 交流窜入直流

（1）现象：

1）监控系统发出直流系统接地、交流窜入直流告警信息。

2）绝缘监察装置发出直流系统接地、交流窜入直流告警信息。

3）不具备交流窜入直流监控功能的变电站发出直流系统接地告警信息。

（2）处理原则：

1）立即检查交流窜入直流时间、支路、各母线对地电压和绝缘电阻等信息。

2）发生交流窜入直流时，若正在进行倒闸操作或检修工作，应暂停操作或工作，并汇报调控人员。

3）根据发生交流窜入时的天气情况和现场工作情况，判断是否为天气原因或者现场工作导致的，再结合直流系统的绝缘情况综合判断，找出交流窜入的支路。

4）确认具体的支路后，停用窜入支路的交流电源，联系检修人员处理。

4 断路器二次回路与运行维护

4.1 断 路 器 作 用

断路器是指能够关合、承载和开断正常回路条件下的电流并能在规定的时间内关合、承载和开断异常回路条件下的电流的开关装置。断路器一般由触头系统、灭弧系统、操动机构、脱扣器、外壳等构成。断路器主要的作用有两个方面：

（1）控制作用，即根据运行需要，投入或切除部分电力设备或线路。

（2）保护作用，即在电力设备或线路发生故障时，通过继电保护及自动装置作用于断路器，将故障部分从电网中迅速切除，保证电网非故障部分正常运行。

4.2 断路器控制信号回路

220kV 变电站内常用的断路器型号有 3AQ1EE、3AQ1EG、3AP1FI、3AP1FG 以及 3AQ2EE、3AQ2ES、3AT2EE、3AS2、3AV1、3AP1DT-FI/FG 等，下面以西门子 3AQ1EE 断路器机构为例，对断路器的分合闸控制回路、三相强迫动作控制回路、相关继电器控制回路、电动机及油泵控制回路以及信号回路进行介绍。

4.2.1 西门子 3AQ1EE 断路器相关元器件说明

西门子 3AQ1EE 断路器相关元器件说明见表 4-1。

表 4-1　　　　西门子 3AQ1EE 断路器相关元器件说明

标号	名称	标号	名称	标号	名称	标号	名称
K2	油压合闸闭锁	K15	油压控制	S3	就地分闸按钮	F1	电动机电源空气断路器
K3	油压总闭锁	K16	强迫三相动作	S4	复位按钮	F3	加热电源空气断路器
K4	自动重合闸闭锁	K55	分闸总闭锁 2	S9	就地合闸按钮	H	计数器
K5	总闭锁	K61	强迫三相动作	S10	行程开关	M1	电动机
K7LA/B/C	防跳装置	K63	强迫三相动作	Y1LA/B/C	合闸线圈 1	B4	密度计
K77	就地分闸	K64	强迫三相动作	Y2LA/B/C	分闸线圈 1	K14	N_2总闭锁（第二套）
K8LA/B/C	防跳继电器	K67	打压超时报警	Y3LA/B/C	分闸线圈 2	K182	N_2泄漏（第二套）
K9	油泵控制	K81	N_2泄漏	R	电阻	X	插座
K10	分闸总闭锁	K82	N_2总闭锁	C	电容	V	限压保护电阻
K12LA/B/C	合闸总闭锁	K103	总闭锁 2	E	灯	S1	开关辅助触点

4.2.2　断路器控制回路

一般情况下，220kV 断路器的控制回路包括分合闸控制回路、三相强迫动作控制回路、相关继电器控制回路、电动机及油泵控制回路等。

4.2.3　断路器合闸回路

在图 4-1 中，主控室 A 相合闸指令通过 X1/610 进入，经过远方就地切换把手 S8/13-14 触点、A 相开关位置 S1LA/31-32 到合闸线圈 Y1LA、再经过闭锁合闸继电器 K12LA/13-14 触点后回到负电 X1/625。B 相的合闸指令从 X1/615 进入，经过远方就地切换把手 S8/23-24 触点、B 相开关位置 S1LB/31-32 到合闸线圈 Y1LB、再经过闭锁合闸继电器 K12LB/13-14 触点后回到负电 X1/625。C 相的合闸指令从 X1/620 进入，经远方就地切换把手 S8/33-34

触点、C 相开关位置 S1LC/31-32 到合闸线圈 Y1LC、再经过闭锁合闸继电器 K12LC/13-14 触点后回到负电 X1/625。

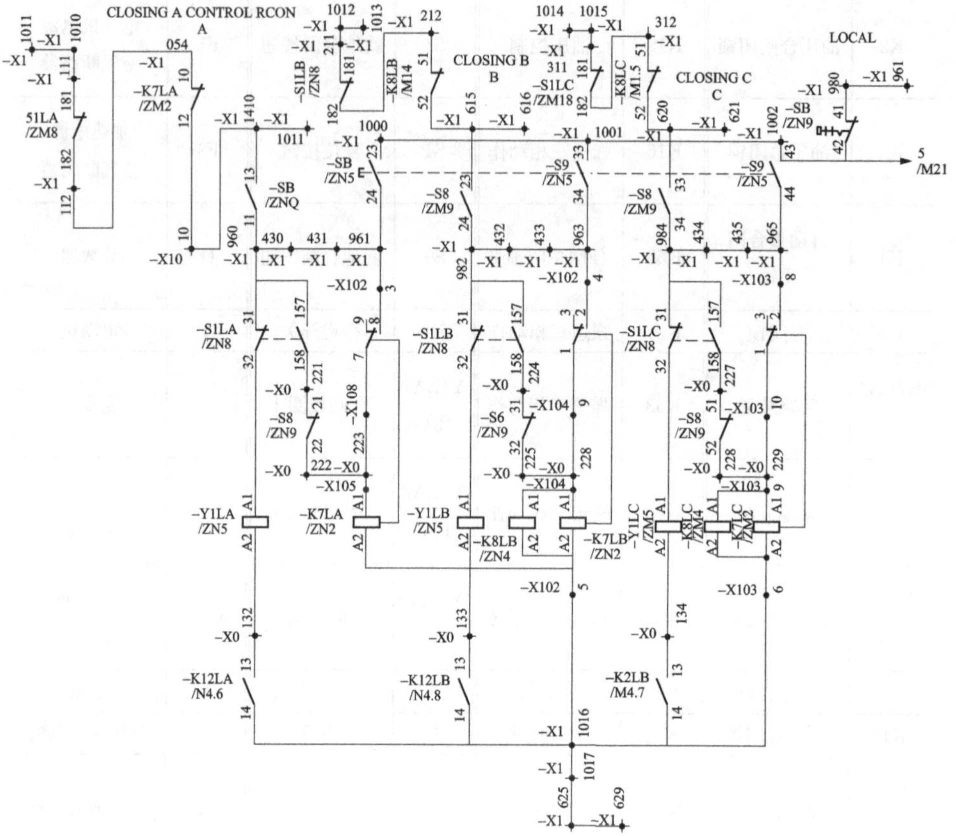

图 4-1　断路器机构合闸回路

4.2.4　断路器防跳回路

防跳回路原理为防止因控制开关和自动装置的合闸触点未能及时返回（例如操作人员未松开把手、自动装置的合闸触点粘连）而正好合闸在故障线路和设备上，造成断路器连续分合闸或跳跃。对于电流启动、电压保持的电气防跳回路还有一项重要功能，就是防止因跳闸回路的断路器辅助触点变位过慢造成保护出口触点先断弧而烧毁的现象发生。Q/GDW 1161—2014《线路保护及辅助装置标准化设计规范》中 11.1.2 规定，断路器防跳功能应由断路器本体机构实现。在图 4-1 中，K7LA、K7LB、K7LC 和 K8LB、K8LC 为防跳继电器，断路器合闸后如果分合闸指令同时持续存在，防跳继电器得电并通过自身触点 K7LA/7-8、K7LB/1-2/K7LC/1-2 保持，防跳继电器动断触点串在合闸总闭锁K12继电器的回路中，因此合闸闭锁继电器K12失电，合闸回路中K12LA/13-14、K12LB/13-14、K12LB/13-14断开，合闸回路断开，从而避免断路器在分闸后再次合闸。S9按钮为就地合闸按钮，X1/960接正电提供就地的分合闸电源。

4.2.5 断路器监视回路

断路器监视回路是断路器控制回路中重要的一部分，跳位监视回路是二次操作回路中用于断路器跳位监视的回路，一般接在保护操作回路的合闸回路中，当断路器处于分位时，跳位监视回路和合闸回路在断路器机构部分是导通的，即此时操作箱上有跳位显示且操作回路一旦有合闸脉冲就能合闸，故跳位监视回路可用于指示断路器位置，还可以监视合闸回路的完好性。

图4-1中，A、B、C三相的监视信号分别从X1/1010、X1/1012、X1/1014接入，在断路器合闸回路接入监视回路之前需要串入断路器动断触点S1LA/B/C/181-182和防跳继电器动断触点K7LA/10-12、K7LB/51-52、K7LC/51-52。

原因有二：其一，在防跳继电器K7LA、K7LB、K7LC启动时，若跳位监视回路不经防跳继电器动断触点，则会存在防跳继电器和跳位继电器（TWJ）分压的情况，分压后，通过操作箱监视回路导通过来的正电能使防跳继电器动作，K7LA、K7LB、K7LC动合触点K7LA/7-8、K7LB/1-2/K7LC/1-2保持闭合，使得防跳继电器一直动作，进而合闸回路断开，断路器无法进行下一次正常合闸或者重合闸。控制电源重新拉合后，防跳继电器复归，可正常合闸，此时，TWJ无法达到动作电压值而不动作，断路器分位时TWJ不动作，操作箱跳位监视灯熄灭。其二，根据图4-1分析得出，断路器在合位时，正电可能通过监视回路使得TWJ动作，操作箱跳位灯点亮，出现跳位继电器（TWJ）、合位继电器（HWJ）同时动作，跳合位灯同时点亮的情况。

4.2.6 断路器分闸回路

图4-2为断路器分闸的控制原理图。主控制室A相的分闸指令通过X1/732进入，经过远方就地切换把手S8/74-73触点、断路器位置辅助触点S2LA/43-44到分闸线圈Y3LA、经过分闸同步继电器K18/31-32，再经过闭锁合闸继电器K55/43-44触点后回到负电X1/745。B、C相的分闸回路与A相分闸回路相类似。

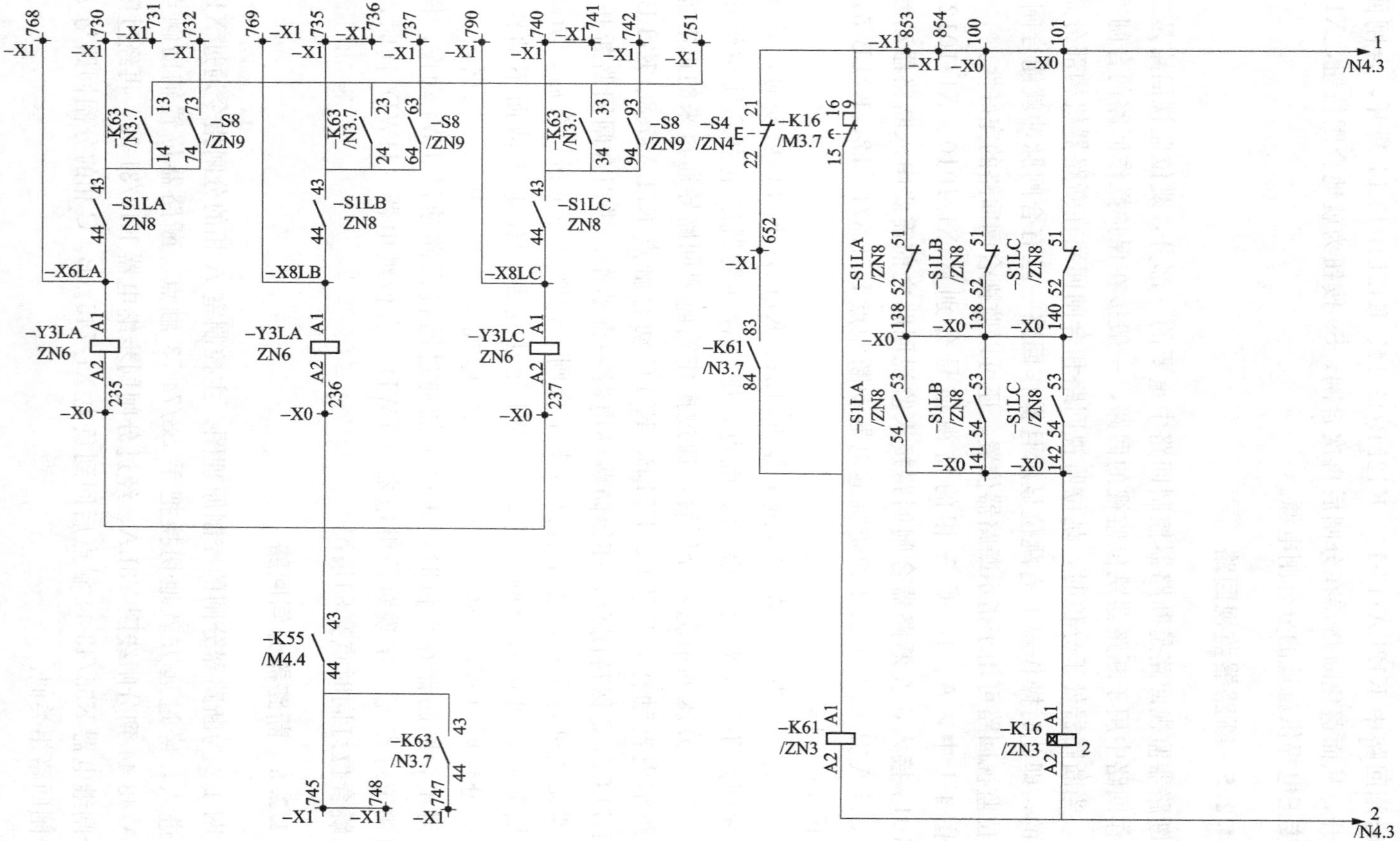

图 4-2　断路器分闸及三相强迫动作回路

4.2.7 断路器三相强迫动作回路

三相强迫动作回路的工作原理：每一相都从各自的辅助开关 S1 中取一对动断和动合触点，动断触点和动断触点并联，动合触点和动合触点并联，并联之后再串联（图 4-2 为动断触点 S1LA/51-52、S1LB/51-52 及 S1LC/51-52 并联，动合触点 S1LA/53-54、S1LB/53-54 及 S1LC/53-54 并联，然后两者再串联）；如果三相的位置一致，那么，该回路始终处于断开状态。反之，如果有一相的位置与其他两相的位置不一致，那么该相的辅助开关位置刚好与其他两相的位置相反，此时 K16（或 K64—分闸 2）就会得电，延时 2s（出厂设定值为 2s）后，K61（或 K63—分闸 2）得电并自保持，如果 X1/651（X1/751—分闸 2）接正电源，断路器就会强迫合闸相进行分闸操作，分闸后同时闭锁合闸回路（见控制回路）。

合闸闭锁后可用 S4 钥匙开关进行复位。在运行中，原则上在未判明闭锁原因之前应慎重使用复位功能，以防在故障原因未明确的情况下操作设备给系统以及设备带来不利的影响。

4.2.8 继电器控制回路

图 4-3 为继电器控制回路原理图。

在图 4-3 中，K10 为总闭锁继电器，从原理图上看能引起总闭锁的因素有 SF_6 气压低闭锁（K5 得电）、油压低闭锁（K3 得电）、氮气泄漏闭锁（K14 得电，延时触点打开）。K12LA、K12LB、K12LC 为合闸闭锁继电器，从原理图上看能引起合闸闭锁的因素有防跳继电器启动（K7LA、K7LB、K7LC 得电）、总闭锁启动（K10 失电）、三相强迫动作功能启动（K61、K63 继电器得电）、油压低闭锁合闸功能启动（K2 得电）、氮气泄漏闭锁功能启动（K81 得电）。氮气泄漏闭锁功能的启动从原理图上看需要满足两个条件：任何一相断路器的电动机控制继电器 K9 得电，而且 K9 得电的这一相油压要超过 35.5MPa（即 355bar，由压力开关的相应触点控制，在图 4-3 为电子式压力开关 B1/20-21 触点），条件满足，K81 得电并自保持（自保持的电流走向：正电—X5/4—K81/10-11 触点—X5/5—X1/658—S4/12-11 触点—X1/655—K81—X2/5—X1/605—回到负电）。氮气泄漏闭锁可以用 S4 钥匙开关复位。

4.2.9 电动机及油泵控制回路

图 4-4 为电动机及油泵控制回路原理图。

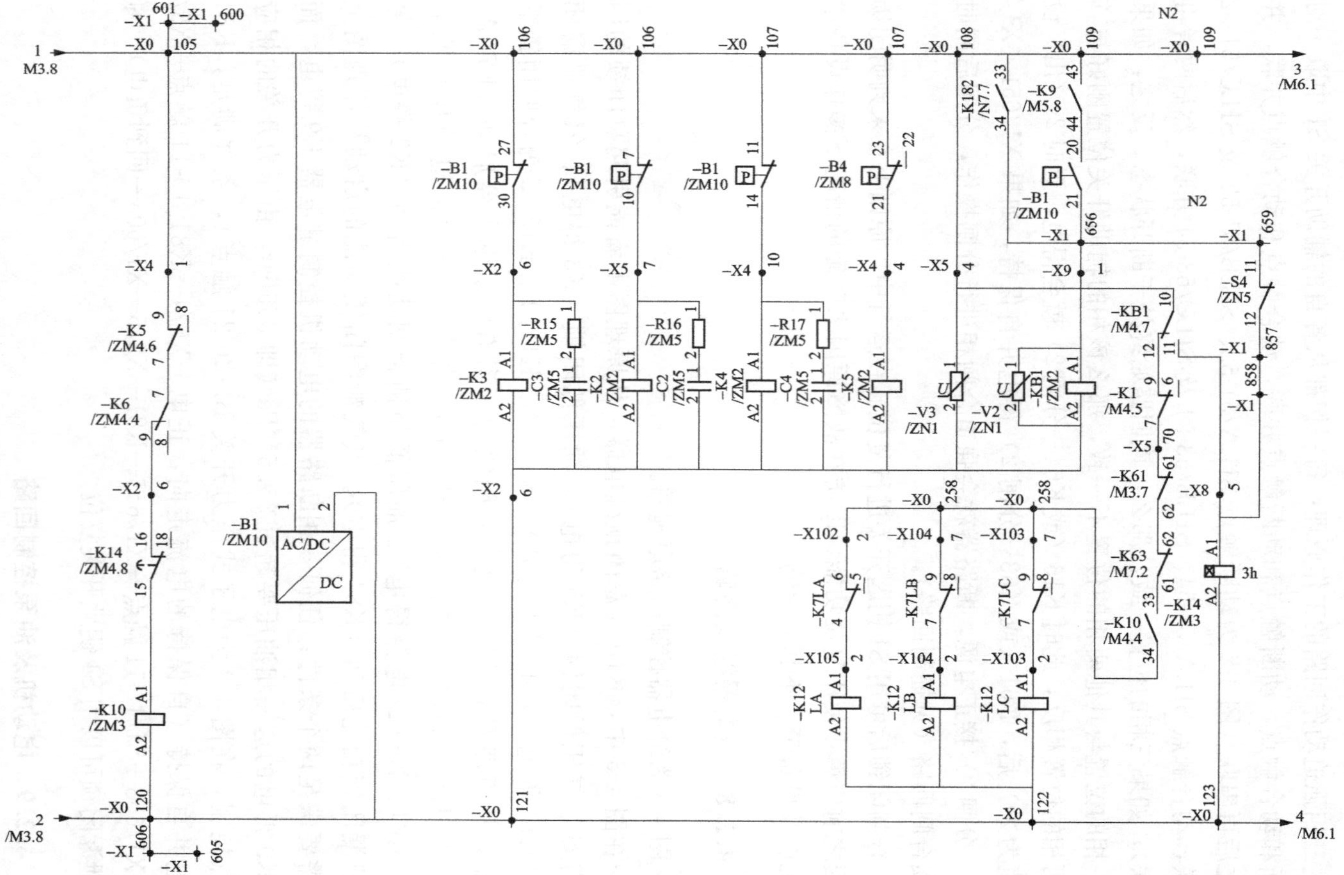

M3.8
/M3.8
/M6.1
N2
–X0
–X1
–X2
–X4
–X5
–X8
–X9
–K5
/ZM4.6
–K6
/ZM4.4
–K14
/ZM4.8
–K10
/ZM3
–B1
/ZM10
AC/DC
DC
–B4
/ZM8
–R15
–R16
–R17
/ZM5
–C3
–C2
–C4
–K3
–K2
–K4
–K5
/ZM2
–V3
–V2
/ZN1
–KB1
–K182
/N7.7
–K9
/M5.8
–S4
/ZN5
–KB1
/M4.7
–K1
/M4.5
–K61
/M3.7
–K63
/M7.2
–K10
/M4.4
–K14
/ZM3
3h
–X102
–X103
–X104
–X105
–K7LA
–K7LB
–K7LC
–K12
LA
LB
LC
A1
A2

图 4-3 继电器控制回路

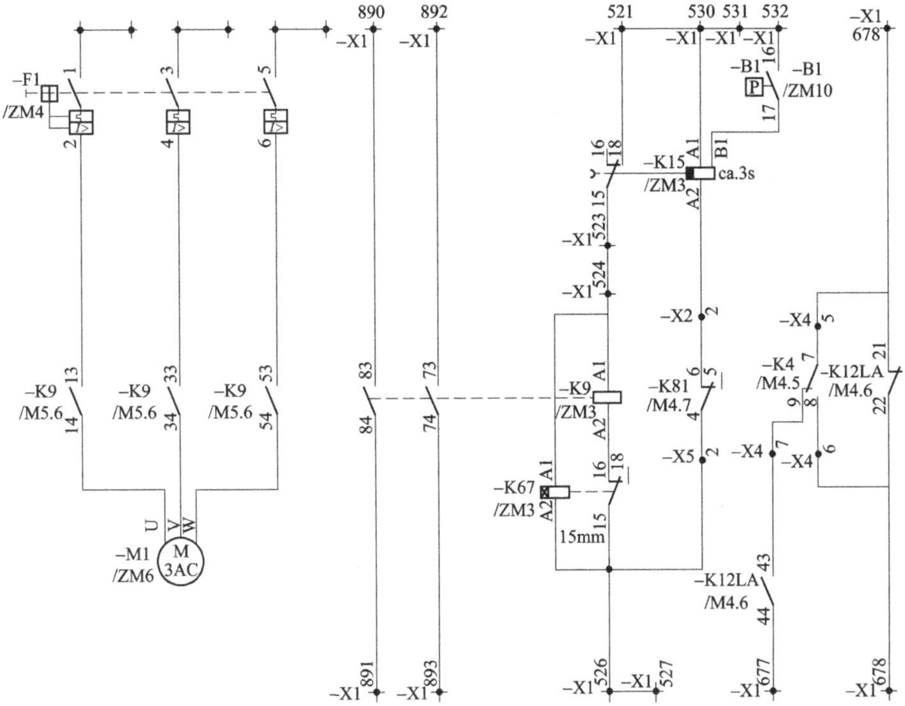

图 4-4　电动机及油泵控制回路

电动机及油泵控制回路的正常工作条件为 X1/524 接正电源、X1/526 接负电源。断路器的储能筒压力下降至启泵设定值后（由压力开关的相应触点控制，图 4-4 中为电子式压力开关 B1/16-17 触点），K15 时间继电器 B1 端得电，K15/15-18 触点闭合，K9 继电器得电，油泵开始打压。油压回升到启泵压力触点恢复，K15 时间继电器 B1 端失电，延时 3s，K15/15-18 触点断开，K9 继电器失电，一次补压过程结束。补压过程中，如果氮气泄漏报警，K81 动作，打压停止。K67 为打压超时继电器，补压时间过长，表明液压系统内存在异常情况，K67 允许油泵在设定的时间内工作，超过时间，K67/15-16 延时触点断开，K9 失电，打压停止。

4.2.10　断路器信号回路

图 4-5 为断路器信号回路原理图。

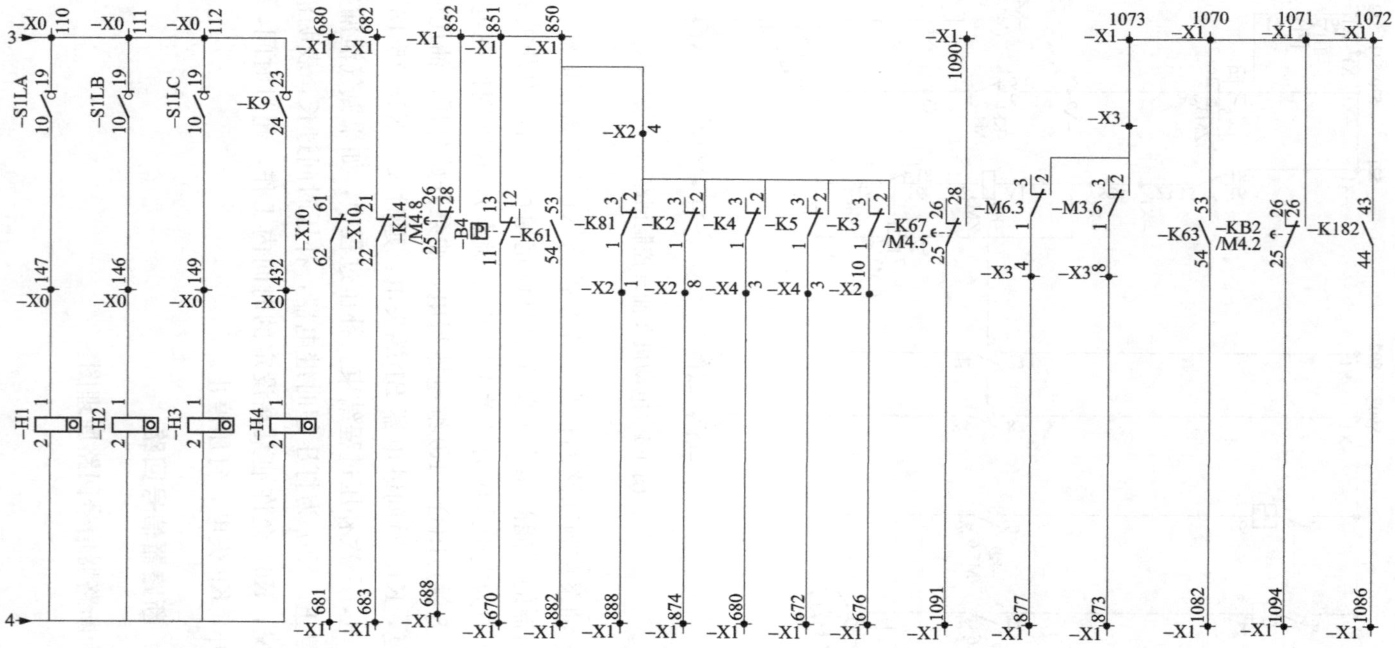

3
4
–X0 110
–X0 111
–X0 112
–S1LA
–S1LB
–S1LC
–K9
–X0 147
–X0 146
–X0 149
–X0 432
–H1
–H2
–H3
–H4
–X1 680
–X1 682
–X1 852
–X1 851
–X1 850
–X10
–K14 /M4.8
–B4
–K61
–X2 4
–K81
–K2
–K4
–K5
–K3
–K67 /M4.5
–X1 1090
–M6.3
–M3.6
–X3
–X1 1073
–X1 1070
–X1 1071
–X1 1072
–K63
–KB2 /M4.2
–K182
–X2
–X4
–X3 4
–X3 8
–X1 681
–X1 683
–X1 688
–X1 670
–X1 882
–X1 888
–X1 874
–X1 680
–X1 672
–X1 676
–X1 1091
–X1 877
–X1 873
–X1 1082
–X1 1094
–X1 1086

图 4-5 断路器信号回路

4.3 断路器常见故障分析及处理

4.3.1 断路器异常信号处理分析

断路器常见故障分析及处理见表 4-2。

表 4-2　断路器常见故障分析及处理

序号	异常情况	伴随光字	原因分析	判断标准或检查方法	处理措施
1	开关机构就地控制	控制回路断线	机构切换把手处理就地位置	判断是否出现第一套控制回路断线信号	将切换把手切换至就地位置
			机构把手触点不良	判断是否出现第一套控制回路断线信号（无信号）	更换切换把手
2	开关机构储能电动机/加热器故障	—	储能回路短路、接地	判断是否出现第一套控制回路断线信号	检查电缆是否存在绝缘不良、更换电缆芯线
			储能电动机故障	测量电动机相间、对地是否存在短路、接地	更换储能电动机
			加热器烧毁、回路绝缘不良	测量加热器电源之间、对地是否短路或接地	更换加热器、检查回路
3	SF_6 气压低告警	—	SF_6 实际压力降低、存在泄漏	检查 SF_6 压力是否在额定范围（否）	检查电缆是否存在绝缘不良、更换电缆芯线
			B4 触点受潮、回路存在问题	检查 SF_6 压力是否在额定范围（是）	检查密度继电器
4	SF_6 气压低闭锁	控制回路断线	SF_6 实际压力降低、存在泄漏	检查 SF_6 压力是否在额定范围（否）	检查电缆是否存在绝缘不良、更换电缆芯线
			B4 触点受潮、回路存在问题	检查 SF_6 压力是否在额定范围（是）	检查密度继电器
5	开关油泵启动	—	正常操作或者间歇性油泵启动	检查断路器油压是否低于 320MPa、两次打压时间间隔过短	检查低压油管内气体、断路器油位是否正常

续表

序号	异常情况	伴随光字	原因分析	判断标准或检查方法	处理措施
6	开关油泵打压超时	—	断路器B1触点粘连	检查断路器油压是否低于320MPa	检查低压油管内气体、断路器油位是否正常
			储能电源无交流	检查K9是否吸合、电动机电源是否正常	测量空气断路器F1是否有电
			油泵内有气体	检查低压油管（白管）内是否有空气	进行排气处理
			断路器液压油位不足	检查断路器油位是否正常	进行补油处理
			K9继电器粘连	检查K9继电器是否处于吸合状态	更换K9继电器
			K67继电器故障	K67启动、油压正常	更换K67继电器
			K15继电器故障	K15启动、油压高	更换K15继电器
7	开关三相不一致跳闸	控制回路断线	三相不一致跳闸	检查后台报文三相是否切换到位	将设备改为检修状态再后续检查
			K61、K63继电器故障	检查后台报文、三相不一致动作时间	将设备改为检修状态后校验继电器
8	开关油压低闭锁重合闸	—	油压低于320MPa机构不打压	检查机构油压，如低于320MPa机构不打压，可能打压触点偏移	调整B1触点
			B1重合闸油压触点偏移	检查机构油压，如高于308MPa机构，可能B1触点偏移	调整B1触点
9	开关油压低合闸闭锁	开关油压低闭锁重合闸	断路器B1触点故障，不打压	检查断路器油压、机构打压是否正常	检查储能触点和回路
10	开关油压低分合闸总闭锁	控制回路断线、油泵启动、油压低合闸闭锁、油压低闭锁重合闸	机构渗漏	检查断路器油压是否低于253MPa、油缸内液压油位、设备周围是否有油迹	隔离断路器、停役检查
			机构内渗漏	检查断路器油压是否低于253MPa	强制打压、观察是否可以建压

续表

序号	异常情况	伴随光字	原因分析	判断标准或检查方法	处理措施
11	开关氮气泄漏告警	—	断路器B1触点粘连	检查断路器油压是否高于355MPa	检查、调整B1触点
			K15继电器故障，打压时间过长	检查打压时间是否正常，低于3s	检查、调整K15继电器
			B1油泵启动触点偏移，启动值过高	检查断路器油压是否高于355MPa	检查、调整B1触点
			K9继电器粘连	检查打压时间是否正常，低于3s	更换K9继电器
12	开关氮气泄漏闭锁	控制回路断线、氮气泄漏告警	断路器B1触点粘连	检查断路器油压是否高于355MPa	检查、调整B1触点
			K15继电器故障，打压时间过长	检查打压时间是否正常，低于3s	检查、调整K15继电器
			B1油泵启动触点偏移，启动值过高	检查断路器油压是否高于355MPa	检查、调整B1触点
			K9继电器粘连	检查打压时间是否正常，低于3s	更换K9继电器
			K14、K82故障	检查断路器油压是否高于355MPa、N_2告警与N_2闭锁信号时间	检查、更换K14、K82继电器

4.3.2 典型异常处理分析

1. 控制回路断线

控制回路断线信号的原理是通过跳位继电器（TWJ）和合位继电器（HWJ）动断触点串联构成信号回路，只有TWJ和HWJ同时失压，才致使两者动断触点同时闭合，回路接通，保护报控制回路断线。这也就意味着开关跳闸或合闸回路的完整性被破坏时，才会出现这种异常情况，即存在两种情况会导致控制回路断线：当断路器处于分位状态，此时断路器的分闸回路为断开状态，HWJ正常为失电状态，而合闸回路也存在异常断点导致TWJ

同时失电；当断路器处于合位状态，此时断路器的合闸回路为断开状态，TWJ 正常为失电状态，而合闸回路也存在异常断点导致 HWJ 同时失电。

2. 控制回路断线处理原则

断路器运行时，发出控制回路断线信号，造成这种现象的原因很多，必须根据后台的相关信息检查设备情况进行分析，电源回路是否正常，保护装置的二次回路是否正常，开关机构储能是否正常，开关 SF_6 气体压力是否正常，开关位置辅助触点是否正常等。运行对发现的问题采取必要的控制措施后，通过相关的检修继保人员进一步排查和处理。

3. 断路器辅助触点转换异常

在操作断路器合闸时，如果绿灯闪光、红灯不亮，或者红绿灯都熄灭，说明断路器辅助触点出现转换异常；在分闸操作中，出现红灯闪光、绿灯不亮，或者红绿灯都熄灭时，也说明出现了异常现象。

4. 断路器辅助触点转换异常处理原则

在断路器辅助触点转换异常时，首先要做的就是及时汇报上级部门，查看监控后台及系统的信号，重点关注断路器变位的情况，检查电流、功率是否正常，必要时可以与调度中心核实。然后到现场检查断路器的二次回路和机构，在排查故障确实属于断路器辅助触点问题时，为避免开关的不正常分合，必须采取必要的措施，比如断开控制电源等，并及时上报检修班组，待后续相关处理。

4.4 断路器运行维护

4.4.1 断路器运行规定

1. 正常运行规定

(1) 当断路器达到额定短路电流开断次数时，应将断路器停电检修。当断路器的故障电流开断次数与额定短路电流开断次数相比少一次时，应立即汇报调度，申请将该断路器的重合闸功能退出。

(2) 户外布置的断路器，其 SF_6 密度继电器及压力表应装设防雨罩，防止雨水进入造成表计指示不正确。同时将表计、控制电缆用接线盒罩住，注意遮盖充放气接口，防止进水受潮。

(3) 断路器本体应与密度继电器运行在同一环境温度下，确保断路器告警、闭锁触点可靠动作。

(4) 断路器外壳接地良好，应采用双接地。

(5) 对高寒地带 SF_6 断路器，应采取必要措施，防止 SF_6 气体液化，影响断路器灭弧功能。

(6) 断路器外绝缘子爬电比距应符合当地污秽等级，对爬电比距或污秽等级不满足要求的，应采取防污闪措施，以保证断路器安全稳定运行。

(7) 电磁操动机构的操作电源应满足该机构要求。合闸线圈、合闸接触器在额定电压的80%～110%范围内可靠动作。

(8) 当断路器无法电动储能时，应具备手动储能功能。手动储能与电动储能之间应具有可靠联锁，手动储能的专用工具应妥善保存。

(9) 断路器机构打压频次应符合厂家规定。如开关打压频繁，应安排人员检查机构有无渗漏油、泄压阀是否关闭等，必要时联系检修人员处理。

2. 紧急停运规定

(1) 出现下列情况时，应立即汇报调控人员申请设备停运：

1) 套管放电和有严重破损现象。

2) 导电部分发热严重或打火现象。

3) SF_6 断路器严重漏气或压力到零，闭锁操动机构。

4) 少油断路器内部异常声响或灭弧室冒烟。

5) 少油断路器严重漏油，油位无法观测清楚。

6) 多油断路器内部有异常爆裂声响。

7) 真空断路器灭弧室密封不良，有裂纹、漏气或放电声等异常现象。

8) 落地罐式断路器防爆膜损坏、变形等。

9) 液压、气动操动机构失压，储能机构储能弹簧损坏。

(2) 出现下列情况时，断路器跳闸后不得试送：

1) 全电缆线路。

2) 调度通知线路有带电检修工作。

3) 低频减载保护、系统稳定控制、联切装置及远动装置动作后跳闸的断路器。

4.4.2 断路器巡视检查项目

1. 油断路器巡检项目

(1) 断路器的运行状态与实际运行工况相符，断路器分、合位置标识清晰，指示正确。

(2) 多油断路器壳体温度较环境温度无明显差异；对少油断路器主触头外露的部位粘贴示温蜡片，且正常不熔化，主触头接触良好，无发热现象；正常运行时断路器无异常声响。

（3）套管无渗漏油，油色透明无杂质，油位在正常范围内。

（4）油管连接部位及本体无渗漏油痕迹，放油阀关闭状态正确。

（5）绝缘子、套管外观正常无裂痕，无电晕和放电。

（6）引线的各搭接面接触良好，无发热。

（7）基础构架无开裂、破损、倾斜，支架无锈蚀、松动或变形，无鸟窝、蜂窝等异物。

（8）接地引下线标识清晰无脱落，可见部分连接完整，接地螺栓紧固，无断裂、锈蚀等现象。

2. 空气断路器巡检项目

（1）断路器的运行状态与实际运行工况相符，断路器分、合位置标识清晰，指示正确。

（2）断路器压力表指示正常，断路器本体及各连接管道无漏气声。

（3）外绝缘无破损、无放电痕迹及裂纹。

（4）断路器的供气阀在开启正确，工作母管、高压罐清洁，如有脏污需及时清除。

（5）各搭接面、接线端子无发热。

（6）断路器瓷套内壁正压通风指示正常。

（7）接地标识清晰，无断裂、无破损。

3. SF_6 断路器巡检项目

（1）SF_6 断路器压力表阀门开闭状态正确，外观无破损或渗漏油，防雨功能完好。

（2）断路器 SF_6 压力指示正常，不带温度补偿的表计压力与环境温度相符，各部分连接管道无漏气声及异味。

（3）外绝缘无裂痕、破损、放电声和电晕，防污涂料完好、无脱落和起皮现象。

（4）引线连接部位无过热，引线弧垂满足要求，无断股、散股，接头无松动、裂纹、变色现象。

（5）断路器的运行状态与实际运行工况相符，断路器分、合位置标识清晰，指示正确。

（6）落地罐式断路器防爆膜无破损、变形。

（7）接地标识清晰，可见部分无断裂、破损，连接部位无松动。

4. 真空断路器巡检项目

（1）断路器的运行状态与实际运行工况相符，断路器分、合位置标识清晰，指示正确。

（2）外绝缘无裂痕、破损、放电声和电晕，防污涂料完好、无脱落和起皮现象。

（3）真空灭弧室无异常，断路器动作计数器指示正常。

（4）接地标识清晰，可见部分无断裂、破损，连接部位无松动。

（5）引线连接部位无过热，引线弧垂满足要求，无断股、散股，接头无松动、裂纹、变色现象。

5. 电磁操动机构巡检项目

（1）电磁操动机构合闸熔断器完好。

（2）机构箱门外观无破损、开启关闭灵活，密封条无脱落、老化；机构箱透气口滤网无破损，箱内清洁、无异物，无凝露、积水现象。

（3）分合闸线圈外观正常，无异味、变色、烧损等。

（4）接线端子无松脱、锈蚀、发热、放电痕迹，电缆孔洞封堵完好。

（5）照明、加热、温控等装置正常。加热器隔热护套无变色、烧焦痕迹，附近端子接线、相关部件无熏黑、灼烧破损等现象。

（6）远方/就地切换把手位置、指示标识、空气断路器位置、压板投退等正确。

6. 液压机构巡检项目

（1）机构箱门外观无破损、开启关闭灵活，密封条无脱落、老化；机构箱透气口滤网无破损，箱内清洁、无异物，无凝露、积水现象。

（2）液压操动机构各连接部位无渗漏，油位、油色正常，储压元件、油泵及连接管道无锈蚀。

（3）断路器高压油压力指示正常。

（4）检查油泵启动次数正常，无频繁打压。

（5）分合闸线圈外观正常，无异味、变色、烧损等。

（6）接线端子无松脱、锈蚀、发热、放电痕迹，电缆孔洞封堵完好。

（7）照明、加热、温控等装置正常。加热器隔热护套无变色、烧焦痕迹，附近端子接线、相关部件无熏黑、灼烧破损等现象。

（8）远方/就地切换把手位置、指示标识、空气断路器位置、压板投退等正确。

7. 弹簧机构巡检项目

（1）机构箱门外观无破损、开启关闭灵活，密封条无脱落、老化；机构箱透气口滤网无破损，箱内清洁、无异物，无凝露、积水现象。

（2）弹簧操动机构弹簧外观无锈蚀、裂纹或断裂。

（3）储能电动机无异味、烧蚀现象，分合闸线圈无异味、破损。

（4）断路器正常运行时，合闸弹簧应储能。

（5）接线端子无松脱、锈蚀、发热、放电痕迹，电缆孔洞封堵完好。

（6）照明、加热、温控等装置正常。加热器隔热护套无变色、烧焦痕迹，附近端子接线、相关部件无熏黑、灼烧破损等现象。

（7）远方/就地切换把手位置、指示标识、空气断路器位置、压板投退等正确。

8. 断路器特殊巡视

（1）A、B类检修后的断路器在投运后适当增加巡视次数，巡视项目按照全面巡视要求进行详细、全面的检查。对于新投运的设备，应适当增加巡视次数，投运72h且设备巡视正常转入正常周期巡视。

（2）异常天气时的巡视：

1）雷雨大风天气时，检查引线摆动幅度，有无断股、散股现象，均压环及绝缘子是否倾斜，接头有无松动，外绝缘有无放电痕迹，各部件上有无异物。

2）持续阴雨、暴雨等天气时，检查各机构箱、端子箱是否可靠关闭，有无渗水、漏水，箱内温控器、除湿器等装置是否正常工作。

3）冰冻雨雪天气时，检查设备积雪结冰情况，积雪过多还应及时处理过多的积雪和悬挂的冰柱，检查引线是否存在断股、散股现象，外绝缘有无破损。

4）大雾、雾霾等天气时，重点检查设备外绝缘有无脏污，有无放电、闪络、爬电现象。

5）气温骤变时，重点检查断路器油位、压力是否正常，各连接部位有无渗漏油，加热温控等装置工作是否正常工作。

6）高温季节时，检查断路器油位、压力是否正常，接头有无过热。

7）大负荷运行期间，检查接头、本体无过热现象，断路器有无异常声响。

（3）故障跳闸后的巡视：

1）断路器外观、外绝缘、接地装置、引线等是否完好，有无放电痕迹。

2）断路器的分合闸指示是否正确。

3）断路器有无异响、压力表无异常。

4）断路器机构有无渗漏油，油位、油色等是否正常。

4.4.3 断路器维护

1. 断路器外壳锈蚀

（1）对断路器本体锈蚀，用刨刀、纱布、钢丝刷、棉纱对锈蚀部位打磨处理，直至锈蚀部位有明显的金属光泽，打磨时注意不要用力过猛，均匀发力，以免损坏设备。处理后无锈斑、起皮现象。

（2）对表面打磨处理完成后，对打磨部位均匀涂抹防腐材料，最后对表面喷漆处理。

（3）处理时应与带电部位保证足够的安全距离，必要时申请停电处理。

2. 指示灯更换

（1）检查故障指示灯型号，应选用同等规格型号的指示灯。

（2）在更换前，准备线手套、螺钉旋具、万用表、绝缘胶布等必要工具。

（3）更换时需佩戴线手套，工器具应检测合格，绝缘良好，防止发生直流接地、短路、人身触电等。

（4）二次接线拆解过程中，应边拆解边记录，以便恢复接线，并对拆解的接头做好绝缘包扎。

（5）更换完成后，检查指示灯是否正确反映设备实际状态。

3. 储能电动机空气断路器更换

（1）储能电动机空气断路器故障时，应立即进行更换。

（2）准备相同规格型号的空气断路器，容量满足要求。

（3）更换前检查操动机构储能指示正常，机构压力指示正常。

（4）更换前应断开储能电动机空气断路器上级电源空气断路器或拆除电源线，确保储能空气断路器两侧无电压。

（5）更换时需佩戴线手套，工器具应检测合格，绝缘良好，防止发生直流接地、短路、人身触电等。

（6）二次接线拆解过程中，应边拆解边记录，以便恢复接线，并对拆解的接头做好绝缘包扎。

（7）更换后检查空气断路器相序是否正确，待确认无误后合上空气断路器，测量空气断路器上下桩头电压正常。

4. 红外检测

（1）1000kV 变电站每周至少开展一次。

（2）330～750kV：一类变电站每两周至少开展一次，二类变电站每月至少开展一次。

（3）220kV 变电站每三个月至少开展一次。

（4）35～110kV 变电站每六个月至少开展一次。

（5）新安装或 A、B 类检修后投运 1 周内至少开展一次。

（6）迎峰度夏、迎峰度冬、大负荷、保供电期间等增加检测频次。

（7）检测范围包括断路器引线、接头、本体灭弧室、端子箱机构箱二次回路。

5. 断路器操作要点

(1) 检修后的断路器应进行全面验收，确保断路器具备操作条件，运维人员在正式操作前应进行遥控试验，合格后方可正式送电操作。断路器检修涉及继电保护校验、控制回路等二次回路时，继电保护人员进行传动试验正确，遥控验证正确后，检查监控后台及保护测控装置无异常告警信号后，方可送电。

(2) 检修后的断路器复役，操作前应检查安全措施是否全部拆除，工器具有无遗留，工作范围内的地线、短接线有无遗留，恢复防误闭锁装置正常运行。

(3) 对长时间不运行且超过 6 个月的断路器，在投运前应经常规试验合格后，方可投运。在正式投运前，应通过远方操作方式进行 2～3 次分合闸遥控试验，检查无异常后按操作票拟定的方式开展正常操作。

(4) 操作前储能电动机、开关控制、辅控回路等电源检查正常，断路器机构油位、储能、仪器仪表指示信号均正常，SF_6 压力在正常范围，断路器具备正常运行条件。

(5) 操作过程中，检查监视有关电压、功率、电流等遥信遥测数据变化正确，手动操作开关时，应注意 KK 把手操作速度不宜过快，否则容易造成开关无法正常分合闸。当采用电磁机构进行合闸操作时，应检查直流母线电压正常，确保合闸线圈端子、合闸接触器电压在正常范围内，弹簧机构在断路器合闸后应自动储能。严禁用手力杠杆或千斤顶对电磁机构进行带电合闸操作。严禁就地操作无自由脱扣的断路器。

(6) 当断路器分合闸因压力异常而闭锁时，不准随意解除装置闭锁。检查断路器分合闸后的位置状态，检查开关拐臂、连杆、机械位置指示正确，后台遥信、遥测指示正确，确保断路器可靠合（分）闸。同时，检查开关无异常声响，压力指示正常，机构储能正常。

(7) 操动机构为电磁操动的断路器，操作断路器合闸时，应检查合闸电源回路中所接直流电流表变化正确，合闸完成后直流电流表指示应返回，确保合闸回路正确。若连续操作或多次分合电磁操动机构的断路器，还应重点观察直流母线电压的变化在正常范围，如有异常及时停止操作，待检查正常后再继续操作。

(8) 液压操动机构的断路器进行就地分合闸操作时，应注意避开高压管道接口，操作完成后检查液压机构无渗漏油，机构储能正常。

(9) 正常运行的断路器，当油断路器发生严重漏油、喷油，真空及 SF_6

断路器气体压力异常降低至闭锁值（如突然降至零等），应立即断开故障断路器的控制电源（断路器改非自动），严禁对断路器进行停、送电操作，立即汇报调度，调整系统运行方式，利用上一级断路器隔离故障，尽快恢复正常设备供电。

（10）当断路器运行地点的短路容量与实际短路开断容量接近时，应停用自动重合闸，短路故障跳闸后，严禁强送。

（11）对于可以三相分相操作的断路器，操作合闸后发生一相或两相非全相合闸情况，应立即拉开已合上相，再进行一次合闸操作，如还是存在非全相合闸，应拉开合上相，断开断路器控制电源，汇报调度，查找异常原因。

（12）对于可以三相分相操作的断路器出现非全相分闸时，立即断开断路器控制电源，将拒动相手动操作机械分闸，隔离该断路器，查找异常原因。

1）断路器设有“远控”和“近控”切换把手。正常运行中，应将切换把手切至“远控”位置，进行后台机或远方遥控操作。

2）操作前应检查断路器控制回路及操动机构正常、保护装置无异常。开关合闸前，须检查继电保护已按规定投入。操作过程中应同时监视有关电压、电流、功率表计的指示及断路器变位情况。

3）断路器合闸送电时，如因保护动作跳闸，应立即停止操作，向调控人员汇报，并进行现场检查，严禁不经检查再次合闸送电。

4）旁路断路器代其他断路器时，在合环后应检查三相有电流且负荷分配正常后，方能拉开被代断路器。

（13）断路器合闸后的检查：

1）红灯亮，机械指示应在合闸位置，综合自动化后台机和测控装置断路器指示为红色，与实际位置一致，无异常信号。

2）送电断路器在综合自动化后台机显示的电流值、功率值及相关计量表指示正确，三相负荷分配均衡。

3）操动机构为弹簧的，在断路器合闸后，检查弹簧机构储能正常。

4）液压操动机构，在合闸后应检查其压力是否正常。

（14）断路器分闸后的检查：

1）绿灯亮，机械指示应在分闸位置，综合自动化后台机和测控装置断路器指示为绿色，与实际位置一致，无异常信号。

2）停电断路器综合自动化后台机显示的电流值、功率值及相关计量表指示正确。

5 隔离开关二次回路与运行维护

隔离开关是变电站中的重要设备之一，在主设备中占比非常高，日常倒闸操作量也很大。

隔离开关也叫闸刀开关，它没有灭弧功能，主要用来断开无负荷电流的回路，在分闸状态时有明显的断开点。因它没有专门的灭弧装置，不能切断负荷电流及短路电流。

在变电站中，220～500kV 倒闸操作用的隔离开关，大部分可以远程电动操作和就地电动操作。隔离开关控制回路是实现其电动控制的基础，隔离开关电气闭锁是隔离开关安全操作的重要组成部分。作为变电运检工，对隔离开关二次回路的全面了解，有助于工作的顺利开展和安全可控。

5.1 隔离开关作用

隔离开关在结构上无灭弧装置，但有明显的断开点，因此在高压电网中，隔离开关的主要作用如下：

(1) 在断路器断开电路后，用隔离开关来隔离有电与无电部分，起到隔离电源的作用，以便在停电检修电气设备时，保证工作人员人身安全和设备安全。

(2) 用断路器与隔离开关相配合，可以使一次系统从一种运行状态转变为另一种状态，达到改变运行方式的目的（双母线运行时）。

(3) 用来断开小电流电路（严禁切合负荷电流与短路电流）。

(4) 可装有接地开关来代替携带型接地线，以方便母线和电气设备在检修时的操作。

5.2 隔离开关控制信号回路

5.2.1 隔离开关的电动机回路

图 5-1 是隔离开关电动机回路原理接线图。表 5-1 为隔离开关电动机回路原理接线图电气元器件的作用。

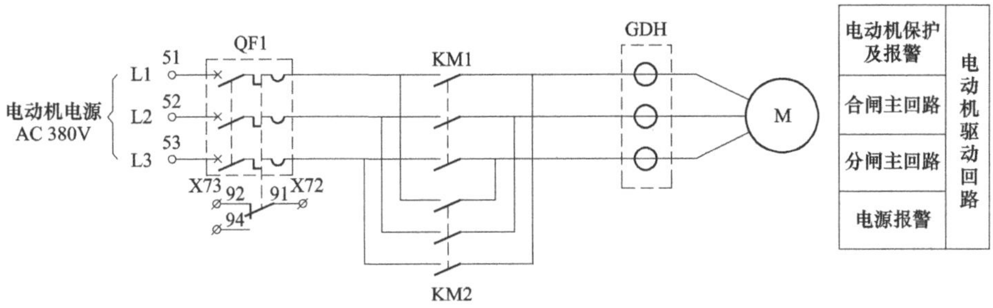

图 5-1 隔离开关电动机回路原理接线图

表 5-1 隔离开关电动机回路原理接线图电气元器件

序号	符号	元器件
1	QF1	电动机电源空气断路器
2	KM1	合闸接触器
3	KM2	分闸接触器
4	GDH	电动机保护器
5	M	交流电动机

合闸接触器 KM1 励磁，电动机启动，进行隔离开关合闸操作；分闸接触器 KM2 励磁，改变电动机的电源相序，电动机反向转动，进行隔离开关分闸操作。电动机过载或电源缺相时，电动机保护器 GDH 保护动作，切断隔离开关操作电源，终止操作。在分合闸过程中出现异常需要中途停止时，可通过断开电动机电源空气断路器 QF1，断开隔离开关的电动机回路，操作停止。

5.2.2 隔离开关的控制回路

图 5-2 是隔离开关控制回路原理接线图。表 5-2 为隔离开关控制回路原理接线图电气元器件的作用。

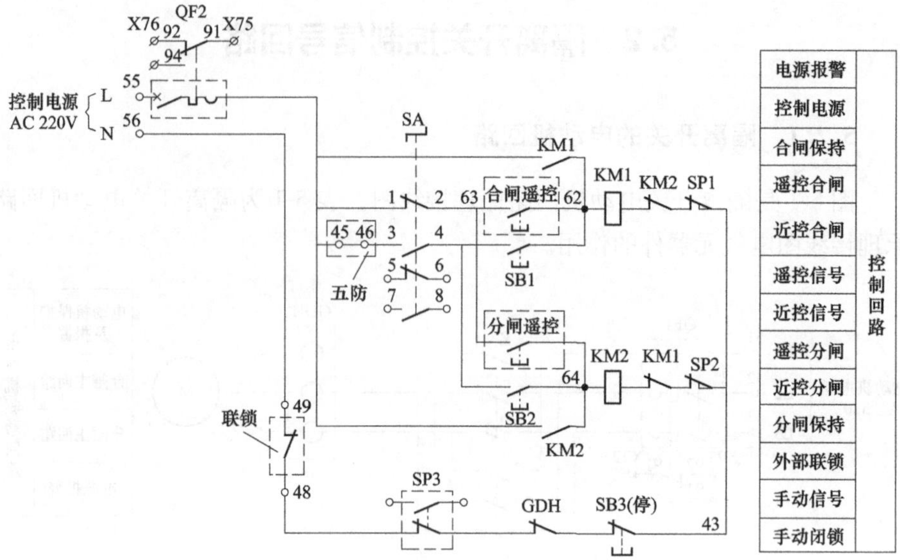

图 5-2　隔离开关控制回路原理接线图

表 5-2　　　　隔离开关控制回路原理接线图电气元器件

序号	符号	元器件
1	QF2	控制电源空气断路器
2	KM1	合闸接触器
3	KM2	分闸接触器
4	GDH	电动机保护器
5	SA	远方/就地切换开关
6	SB1	合闸按钮
7	SB2	分闸按钮
8	SB3	停止按钮
9	SP1	合闸行程开关
10	SP2	分闸行程开关
11	SP3	手动闭锁限位开关

1. 电动分闸

就地电动分闸时，隔离开关在合上位置。电动分闸的路径分析：交流电L→控制电源空气断路器 QF2→隔离开关远近控切换开关 SA，在近控位置（3，4）→分闸按钮 SB2→分闸接触器 KM2→合闸接触器 KM1 动断触点→分闸行程开关 SP2→停止按钮 SB3 动断触点→电动机保护器 GDH→手动闭锁限位开关 SP3→电气联锁回路（48，49）→电源 N。

当分闸按钮 SB2 按下后，分闸接触器 KM2 励磁，回路的变化是：

（1）控制回路中，分闸接触器 KM2 动合触点闭合，实现分闸回路自保持。

（2）控制回路中，分闸接触器 KM2 动断触点打开，实现合闸回路断开，分合闸回路实现电气互锁。

（3）电动机回路中，分闸接触器 KM2 动合触点闭合，电动机运转。

远方电动分闸情况类似，不再赘述。

当主轴接近分闸终点位置时，主轴上定位件使分闸行程开关 SP2 分开，切断分闸回路，分闸接触器的控制线圈失电，接触器动合触点断开，切断电动机回路电源，机械限位装置使机构限制在分闸位置。

2. 电动合闸

就地电动合闸时，隔离开关在断开位置。电动合闸的路径分析：交流电 L→控制电源空气断路器 QF2→隔离开关远近控切换开关 SA，在近控位置（3，4）→合闸按钮 SB1→分闸接触器 KM1→合闸接触器 KM2 动断触点→合闸行程开关 SP1→停止按钮 SB3 动断触点→电动机保护器 GDH→手动闭锁限位开关 SP3→电气联锁回路（48，49）→电源 N。

当合闸按钮 SB1 按下后，分闸接触器 KM1 励磁，回路的变化是：

（1）控制回路中，合闸接触器 KM1 动合触点闭合，实现合闸回路自保持。

（2）控制回路中，合闸接触器 KM1 动断触点打开，实现分闸回路断开，分合闸回路实现电气互锁。

（3）电动机回路中，合闸接触器 KM1 动合触点闭合，电动机运转。

远方电动分闸情况类似，不再赘述。

当主轴接近合闸终点位置时，主轴上定位件使合闸行程开关 SP1 分开，切断合闸回路，合闸接触器的控制线圈失电，接触器动合触点断开，切断电动机回路电源，机械限位装置使机构限制在合闸位置。

3. 电动停止

在分合闸过程中需要中途停止时，可按下停止按钮 SB3 或直接断开控制电源空气断路器 QF2，断开隔离开关控制回路，分闸接触器、合闸接触器都失电，其动合触点断开，断开电动机电源，操作停止。

5.2.3 隔离开关的辅助回路

图 5-3 是隔离开关辅助回路原理接线图。表 5-3 为隔离开关辅助回路原理接线图电气元器件的作用。

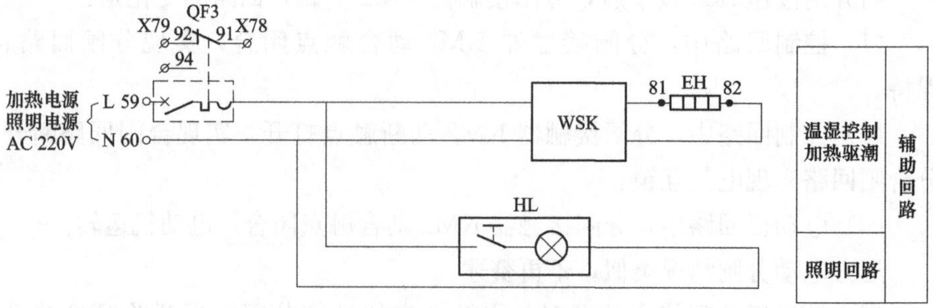

图 5-3　隔离开关辅助回路原理接线图

表 5-3　　隔离开关辅助回路原理接线图电气元器件

序号	符号	元器件
1	QF3	加热电源空气断路器
2	EH	加热器
3	HL	照明灯
4	WSK	温湿度控制器

隔离开关的辅助回路包括照明回路和温湿控制加热驱潮回路。照明回路通过照明开关控制。温湿控制加热驱潮回路通过温湿度控制器自动控制加热器投退。

5.2.4　隔离开关的闭锁回路

隔离开关的电气闭锁是指通过在隔离开关的控制回路中串接与该隔离开关有电气连接的接地开关、隔离开关和断路器的位置辅助触点，当与该隔离开关有电气连接的接地开关、隔离开关和断路器位置条件满足时，该隔离开关方可进行操作，反之操作电源回路切断，不能进行操作。

1. 单母线接线的线路间隔隔离开关和接地开关的电气闭锁回路

图 5-4 为单母线接线的线路间隔一次接线图。其中，QF 为断路器，QS1 为母线隔离开关，QS2 为线路隔离开关，QS3 为线路 TV 隔离开关，QE1 为开关母线侧接地开关，QE2 为开关线路侧接地开关，QEF 为线路接地开关，DV 为线路带电显示器。隔离开关和接地开关都采用电动操作。

图 5-5 为单母线线路间隔隔离开关联锁回路。

母线隔离开关 QS1 操作闭锁开放条件：断路器 QF 断开位置，开关母线

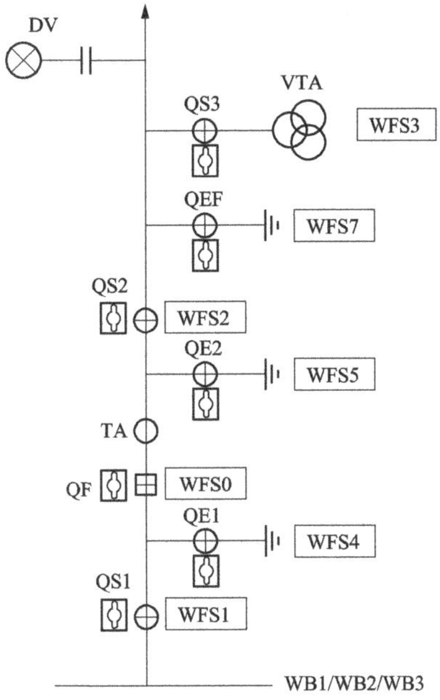

图 5-4　单母线线路间隔一次接线图

侧接地开关 QE1、开关线路侧接地开关 QE2 断开位置，母线接地开关断开位置。

线路隔离开关 QS2 操作闭锁开放条件：断路器 QF 断开位置，开关母线侧接地开关 QE1、开关线路侧接地开关 QE2、线路接地开关 QEF 断开位置。

开关母线侧接地开关 QE1 操作闭锁开放条件：母线隔离开关 QS1、线路隔离开关 QS2 断开位置。

开关线路侧接地开关 QE2 操作闭锁开放条件：母线隔离开关 QS1、线路隔离开关 QS2 断开位置。

线路接地开关 QEF 操作闭锁开放条件：线路隔离开关 QS2 断开位置、线路 TV 隔离开关 QS3 断开位置（实际回路已拆除该条件），线路 TV 欠压继电器动作，线路带电显示器 DV 无电。

2. 双母线接线的线路间隔隔离开关和接地开关的电气闭锁回路

图 5-6 为双母线接线的线路间隔一次接线图。其中，QF 为断路器，QSF1 为正母隔离开关，QSF2 为副母隔离开关，QS3 为线路隔离开关，QS4 为线路 TV 隔离开关，QE1 为开关母线侧接地开关，QE2 为开关线路侧接地开关，QEF 为线路接地开关，DV 为线路带电显示器。

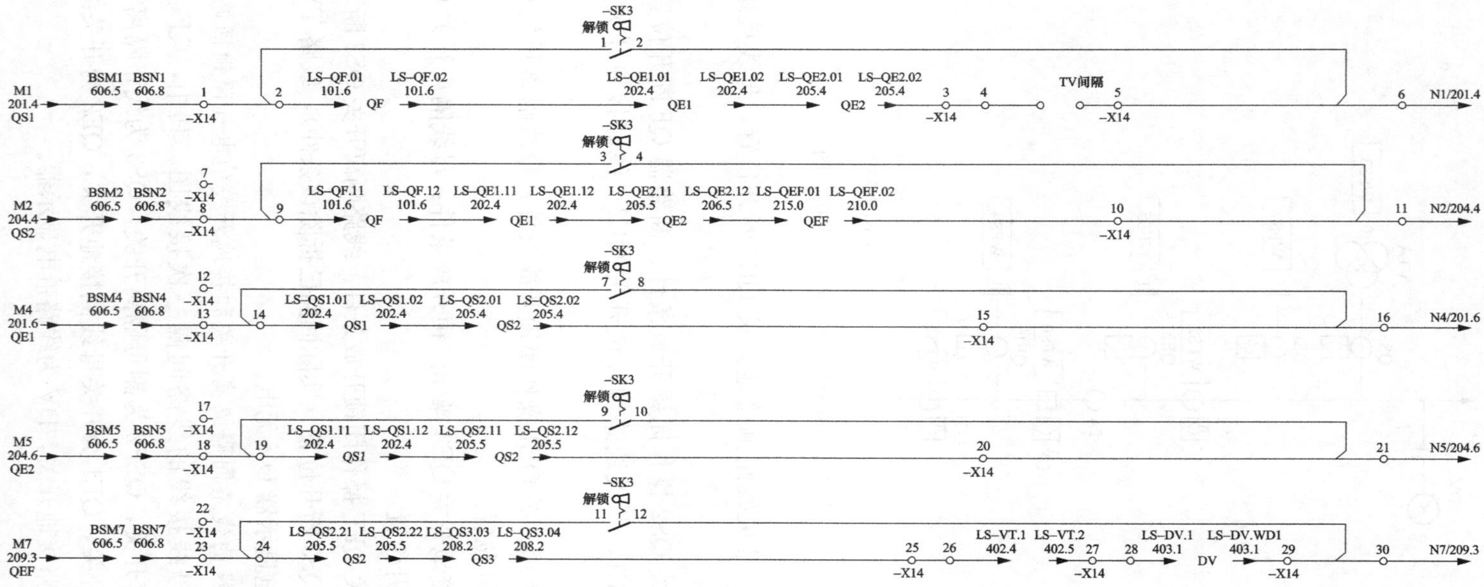

图 5-5　单母线线路间隔隔离开关联锁回路

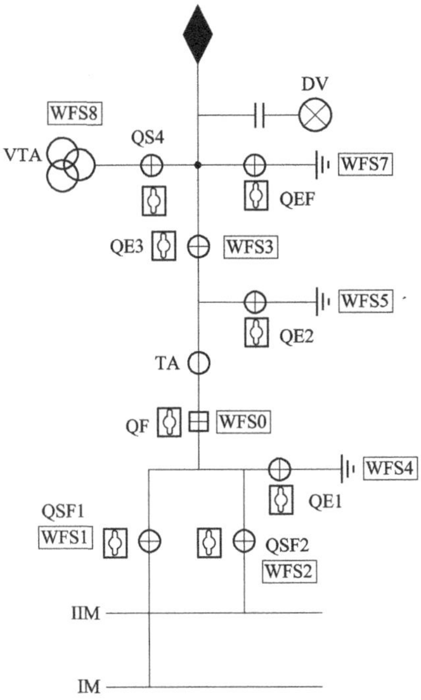

图 5-6　双母线线路间隔一次接线图

图 5-7 为单母线线路间隔隔离开关联锁回路。

正母隔离开关 QSF1 操作闭锁开放条件：断路器 QF 断开位置，副母隔离开关 QSF2 断开位置，开关母线侧接地开关 QE1、开关线路侧接地开关 QE2 断开位置，正母线接地开关断开位置；副母隔离开关 QSF2 合上位置，母联开关、母联开关正母隔离开关、母联开关副母隔离开关合上位置。

副母隔离开关 QSF2 操作闭锁开放条件：断路器 QF 断开位置，正母隔离开关 QSF1 断开位置，开关母线侧接地开关 QE1、开关线路侧接地开关 QE2 断开位置，副母线接地开关断开位置；正母隔离开关 QSF1 合上位置，母联开关、母联开关正母隔离开关、母联开关副母隔离开关合上位置。

线路隔离开关 QS3 操作闭锁开放条件：断路器 QF 断开位置，开关母线侧接地开关 QE1、开关线路侧接地开关 QE2、线路接地开关 QEF 断开位置。

开关母线侧接地开关 QE1 操作闭锁开放条件：正母隔离开关 QSF1、副母隔离开关 QSF2、线路隔离开关 QS3 断开位置。

开关线路侧接地开关 QE2 操作闭锁开放条件：正母隔离开关 QSF1、副母隔离开关 QSF2、线路隔离开关 QS3 断开位置。

线路接地开关 QEF 操作闭锁开放条件：线路隔离开关 QS3 断开位置、线

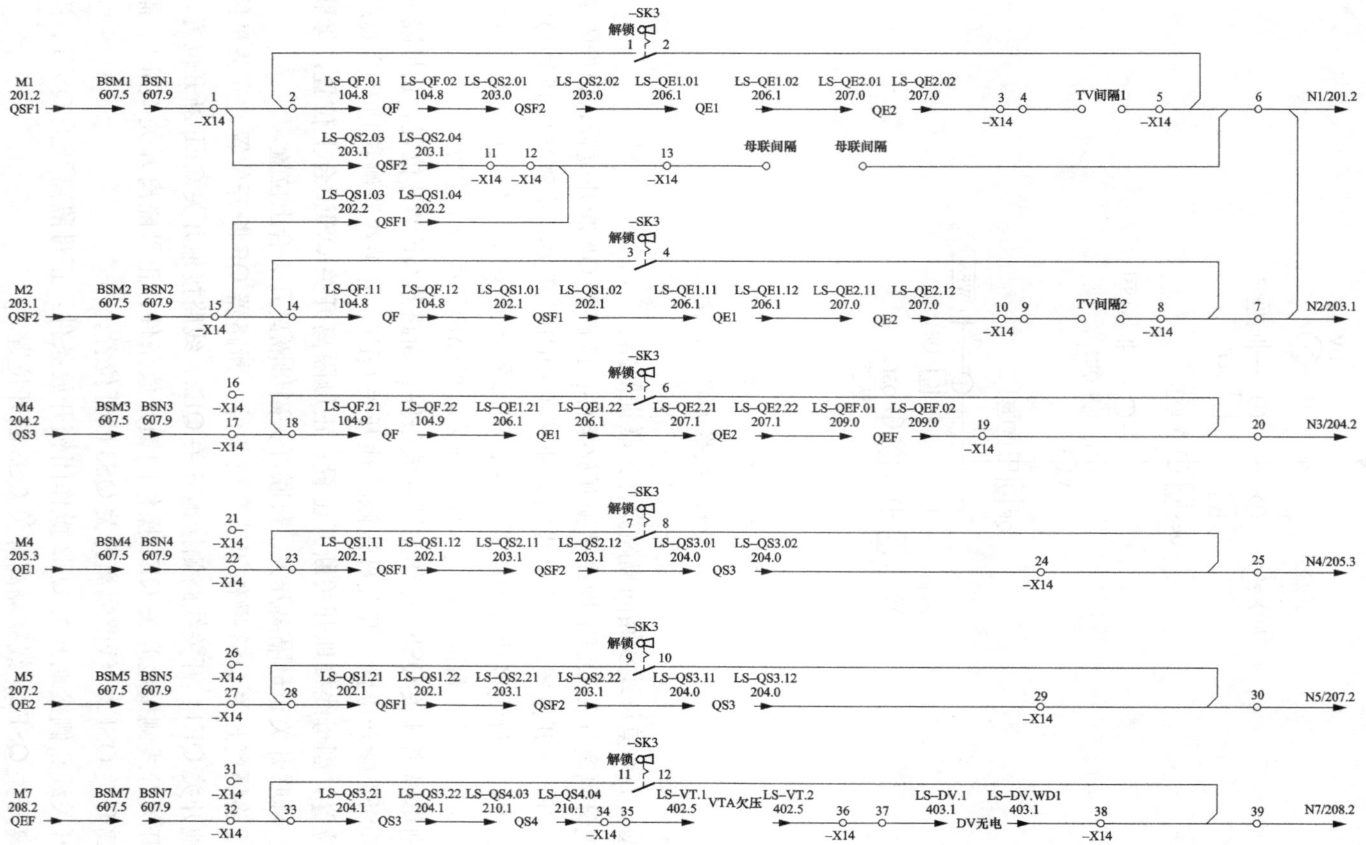

图 5-7　双母线线路间隔隔离开关联锁回路

路 TV 隔离开关 QS4 断开位置（实际回路已拆除该条件），线路 TV 欠压继电器动作，线路带电显示器 DV 无电。

5.3 隔离开关常见异常处置

5.3.1 隔离开关拒分、拒合

1. 现象

远方或就地操作隔离开关时，隔离开关不动作。

2. 处理原则

隔离开关拒分或拒合时不得强行操作，应核对操作设备、操作顺序是否正确，与之相关回路的断路器、隔离开关及接地开关的实际位置是否符合操作程序。

运检人员应从电气和机械两方面进行检查。

（1）电气方面：

1）后台遥控命令是否发出，间隔测控装置有无异常，测控“远方/就地”切换把手位置是否在“远方”位置，隔离开关遥控压板是否投入。

2）检查分闸接触器或合闸接触器是否励磁。

3）若分合闸接触器励磁，应立刻断开隔离开关控制电源和电动机电源，检查电动机回路电源是否正常，分闸或合闸接触器的触点是否损坏或接触不良。

4）若接触器未励磁，应检查隔离开关控制电源是否正常，控制回路是否完好。

5）若接触器可短时励磁但无法实现自保持，应检查隔离开关的控制回路接触器自保持部分。

6）若控制电源或电动机电源空气断路器跳闸或热继电器动作，应检查控制回路或电动机回路有无短路接地，电气元件是否烧损，热继电器性能是否正常。

（2）机械方面：

1）检查隔离开关操动机构位置指示是否与隔离开关实际位置一致。

2）检查隔离开关机械联锁、传动连杆、导电臂（管）、绝缘子是否存在断裂、脱落、松动、变形等异常情况。

3）检查隔离开关操动机构的蜗轮、蜗杆是否断裂、卡滞。

若电气回路有问题，无法及时处理，应断开控制电源和电动机电源，手动进行操作。

手动操作时，若卡滞、无法操作到位或观察到绝缘子晃动等异常现象，应停止操作，汇报值班调控人员并联系专业检修人员处理。

5.3.2 隔离开关位置信号不正确

1. 现象

监控系统、保护装置显示的隔离开关位置和隔离开关实际位置不一致，保护装置发出相关告警信号。

2. 处理原则

(1) 现场确认隔离开关实际位置。

(2) 检查隔离开关辅助开关切换是否到位、辅助触点是否接触良好。如现场无法处理，应立即汇报值班调控人员并联系专业检修人员处理。

(3) 对于双母线接线方式，应将母线差动保护相应隔离开关位置强制对位至正确位置。对于3/2接线方式，若隔离开关的位置影响到短引线保护的正确投入，应强制投入短引线保护。

5.4 隔离开关运行维护

5.4.1 隔离开关运行规定

1. 隔离开关运行一般规定

(1) 隔离开关应满足装设地点的运行工况，在正常运行和检修或发生短路情况下应满足安全要求。

(2) 隔离开关和接地开关所有部件上，特别是传动连接部件和运动部位不得出现积水。

(3) 隔离开关应有完整的铭牌，有规范的运行编号和名称，有明显的相序标识，分合指示、旋转方向指示清晰正确，其金属支架、底座应可靠接地。

(4) 断路器和隔离开关的操作顺序：停电的时候先断开断路器，再拉开负荷侧隔离开关，后拉开母线侧隔离开关。送电顺序相反。

(5) 35kV开关柜隔离开关操作后，应检查三相是否同步，触头接触或分断良好，转换触点良好，拉杆及弹簧无断裂现象。

(6) 隔离开关不允许带负荷操作，必须在确认串联断路器断开后，方可合上或拉开。

(7) 电动操作隔离开关、接地开关时，如发现电动机或操动机构启动，但隔离开关不动作，应停止操作，查明原因后才可继续操作。

2. 隔离开关紧急停运规定

发现下列情况，应立即向值班调控人员申请停运处理：

（1）隔离开关线夹有裂纹，接头处导线严重散股、断股。

（2）隔离开关导电回路发热严重，达到危急缺陷标准，并且无法倒换运行方式或转移负荷。

（3）绝缘子严重破损且伴有放电声或严重电晕；绝缘子发生严重放电、闪络现象；绝缘子有裂纹。

（4）其他根据现场实际认为应紧急停运的情况。

5.4.2 隔离开关巡视

1. 例行巡视

（1）合闸状态的隔离开关触头接触良好，合闸角度符合要求；分闸状态的隔离开关触头间的距离或打开角度符合要求，操动机构的分合闸指示与本体实际分合闸位置相符。

（2）触头、触指（包括滑动触指）、压紧弹簧无损伤、变色、锈蚀、变形，导电臂（管）无损伤、变形现象。

（3）引线弧垂满足要求，无散股、断股，两端线夹无松动、裂纹、变色等现象。

（4）导电底座无变形、裂纹，连接螺栓无锈蚀、脱落现象。

（5）均压环安装牢固，表面光滑，无锈蚀、损伤、变形现象。

（6）绝缘子外观清洁，无倾斜、破损、裂纹、放电痕迹或放电异响。

（7）金属法兰与瓷件的胶装部位完好，防水胶无开裂、起皮、脱落现象。

（8）金属法兰无裂痕，连接螺栓无锈蚀、松动、脱落现象。

（9）传动连杆、拐臂、万向节无锈蚀、松动、变形现象。

（10）轴销无锈蚀、脱落现象，开口销齐全，螺栓无松动、移位现象。

（11）接地开关平衡弹簧无锈蚀、断裂现象，接地开关可动部件和其底座之间的软连接完好、牢固。

（12）基座无裂纹、破损，连接螺栓无锈蚀、松动、脱落现象，其金属支架焊接牢固，无变形现象。

（13）机械闭锁位置正确，机械闭锁盘、闭锁板、闭锁销无锈蚀、变形、开裂现象，闭锁间隙符合要求。

（14）限位装置完好可靠。

（15）隔离开关操动机构机械指示与隔离开关实际位置一致。

（16）各部件无锈蚀、松动、脱落现象，连接轴销齐全。

2. 全面巡视

全面巡视在例行巡视的基础上增加以下项目：

（1）隔离开关“远方/就地”切换把手、“电动/手动”切换把手位置正确。

（2）辅助开关外观完好，与传动杆连接可靠。

（3）空气断路器、电动机、接触器、继电器、限位开关等元件外观完好。二次元件标识、电缆标识牌齐全清晰。

（4）端子排无锈蚀、裂纹、放电痕迹；二次接线无松动、脱落，绝缘无破损、老化现象；备用芯绝缘护套完备；电缆孔洞封堵完好。

（5）照明、驱潮加热装置工作正常，加热器线缆的隔热护套完好，附近线缆无烧损现象。

（6）机构箱透气口滤网无破损，箱内清洁无异物，无凝露、积水现象。

（7）箱门开启灵活，关闭严密，密封条无脱落、老化现象，接地连接线完好。

（8）五防锁具无锈蚀、变形现象，锁具芯片无脱落损坏现象。

注：“五防”要求为防止误拉合开关；防止带负荷拉合隔离开关；防止误入带电间隔；防止带电挂接地线；防止带地线（接地开关）合闸。

3. 熄灯巡视

熄灯巡视需要重点检查隔离开关触头、引线、接头、线夹有无发热的情况，绝缘子表面有无放电现象。

4. 特殊巡视

（1）新安装或经 A、B 类检修后投运的隔离开关应该增加巡视次数，巡视项目应按照全面巡视的要求执行。

（2）大风天气时，检查引线摆动情况，有无断股、散股，均压环及绝缘子是否倾斜、断裂，各部件上有无搭挂杂物。

（3）雷雨天气后，检查绝缘子表面有无放电现象或放电痕迹，检查接地装置有无放电痕迹。

（4）大雨、连阴雨天气时，检查机构箱、端子箱有无进水，驱潮加热装置工作是否正常。

（5）冰雪天气时，检查导电部分是否有冰雪立即融化现象，大雪时还应检查设备积雪情况，及时处理过多的积雪和悬挂的冰柱。

（6）覆冰天气时，观察外绝缘的覆冰厚度及冰凌桥接程度，覆冰厚度不超过 10mm，冰凌桥接长度不宜超过干弧距离的 1/3，爬电距离不超过第二伞裙，不出现中部伞裙爬电现象。

（7）冰雹天气后，检查引线有无断股、散股，绝缘子表面有无破损现象。

（8）大雾、重度雾霾天气时，检查绝缘子有无放电现象，重点检查污秽部分。

（9）高温天气时，检查触头、引线、线夹有无过热现象。

（10）高峰负荷期间，增加巡视次数，重点检查触头、引线、线夹有无过热现象。

（11）故障跳闸后，检查隔离开关各部件有无变形，触头、引线、线夹有无过热、松动，绝缘子有无裂纹或放电痕迹。

5.4.3 隔离开关维护

1. 端子箱、机构箱维护

包括箱体、箱内驱潮加热元件及回路、照明回路、电缆孔洞封堵维护。

2. 红外检测

（1）精确测温周期：1000kV 为 1 周，省评价中心为 3 个月；330～750kV 为 1 个月；220kV 为 3 个月；110(66)kV 为半年；35kV 及以下为 1 年。新投运后 1 周内（但应超过 24h）。

（2）检测范围：引线、线夹、触头、导电臂（管）、绝缘子、二次回路。检测重点：线夹、触头、导电臂（管）。

（3）如果变电站配置智能机器人巡检系统，可由智能机器人完成红外普测和精确测温，由专业人员进行复核。

（4）检测方法及缺陷定性参照 DL/T 664—2016《带电设备红外诊断应用规范》。

3. 小修项目

隔离开关的小修项目一般每年进行一次，污秽严重的地区适当缩短周期。小修项目有：

（1）绝缘子的清洁检查。

（2）传动系统和操动机构的清洁检修。

（3）导电部分的清洁检查，修理。

（4）接线端子及接地端的检查。

（5）分合闸操作试验。

4. 大修项目

（1）支柱绝缘子及底座的检修。

（2）导电回路的检修。

(3) 传动系统和操动机构的检修。

(4) 除锈刷漆。

(5) 机械调整与电气试验。

6 互感器二次回路与运行维护

互感器包括电压互感器和电流互感器，电压互感器或电流互感器是按比例缩小成符合要求的二次电压或二次电流，向测量仪表、继电保护及自动装置的电压线圈和电流线圈供电，本章主要介绍它们的二次回路。

6.1 互感器的基本概念

6.1.1 电压互感器

1. 电压互感器的结构

常用的电压互感器有三相五柱式电压互感器、三相三柱式电压互感器和电容式电压互感器三种。

(1) 三相五柱式电压互感器。由五柱式铁芯、一组一次（三相）绕组和两组二次（三相）绕组组成，其结构示意图如图 6-1 所示。

1）五柱式铁芯。五柱式铁芯左右两个边柱为零序磁通提供通路。

2）一次三相绕组。一次三相绕组分别绕于铁芯中部的三个芯柱上，连接成星形接线，其引出端 U1、V1、W1 并接于一次回路中，中性点 N1 直接接地。

3）二次三相绕组。二次侧有主二次绕组和辅助二次（开口三角形接线）绕组两组三相绕组。主二次（三相）绕组分别绕于铁芯中部的三个芯柱上，连接成星形接线，其引出端 U2、V2、W2 向二次回路负载提供三相电压。中性点 N2 是否接地根据二次回路的要求而定。一般在 110kV 及以上中性点直接接地系统中，N2 直接接地。辅助二次（三相）绕组分别绕于铁芯中部的三个芯柱上，连接成开口三角形接线，形成零序电压滤过器。

三相五柱式电压互感器由于既能检测一次系统的相电压、线电压，又能检测零序电压，因此广泛应用在电力系统中。

（2）三相三柱式电压互感器。它是由（三柱）铁芯（即图 6-1 中铁芯去掉左右两个边柱）和一、二次绕组组成。一次（三相）绕组分别绕于铁芯的三个芯柱上，连接成星形接线，其引出端 U1、V1、W1 并接于一次回路中，中性点 N1 不允许接地。二次（三相）绕组也分别绕于三个芯柱上，连接成星形接线，其引出端 U2、V2、W2 向二次回路负载提供三相电压，而中性点 N2 是否接地根据二次回路要求而定。

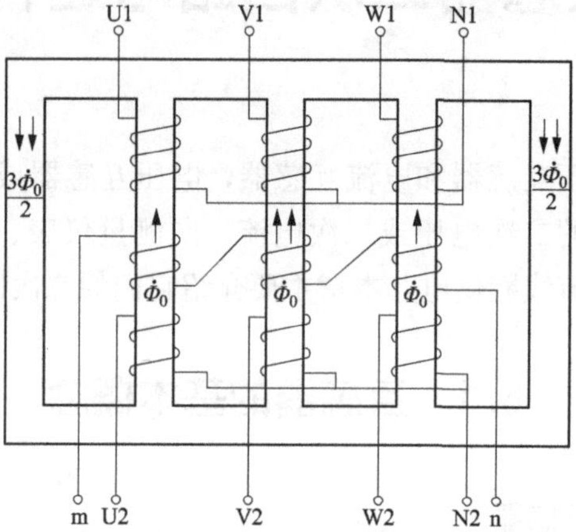

图 6-1　三相五柱式电压互感器结构示意图

（3）电容式电压互感器。电容式电压互感器（CVT）是由电容 C_1 和 C_2、电抗 L、中间电压互感器 TV 组成，如图 6-2 所示。

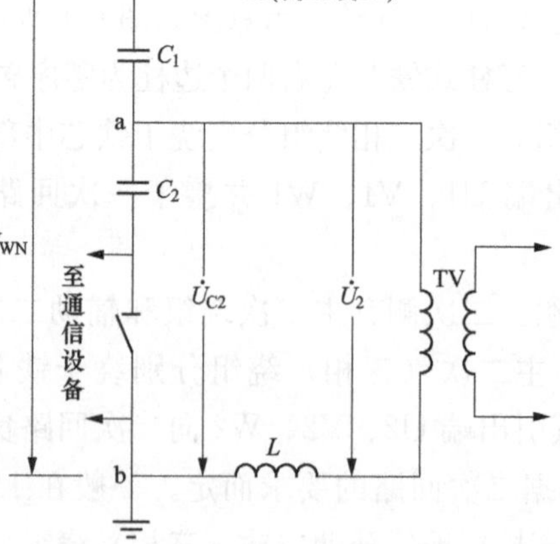

图 6-2　电容式电压互感器

在被测线路的某相与地之间串入电容 C_1 和 C_2，C_1 和 C_2 按反比分压，C_2 上的电压 $\dot{U}_{C2}$ 为

$$\dot{U}_{C2}=\frac{C_1}{C_1+C_2}\dot{U}_{WN}=n\dot{U}_{WN} \tag{6-1}$$

式中　n——分压比；

$\dot{U}_{WN}$——被测线路 L3 相对地电压。

a、b 两点间内阻抗 Z 为

$$Z=\frac{1}{j\omega(C_1+C_2)} \tag{6-2}$$

为了减小 Z，要在 a、b 回路中加入电抗 L 进行补偿。

当 $j\omega L=\frac{1}{j\omega(C_1+C_2)}$ 时，有

$$Z=j\omega L+\frac{1}{j\omega(C_1+C_2)}=0 \tag{6-3}$$

当 $Z=0$ 时，输出（即电压互感器一次侧）电压 $\dot{U}_2$ 与阻抗 Z 无关，即

$$\dot{U}_2=\dot{U}_{C2}=n\dot{U}_{WN} \tag{6-4}$$

2. 电压互感器的特点

（1）电压互感器二次绕组的额定电压。当一次绕组电压等于额定值时，二次绕组额定线电压为 100V，额定相电压为 $100/\sqrt{3}$V。对三相五柱式电压互感器，辅助二次绕组额定相电压，用于 35kV 及以下中性点不直接接地系统时为 100/3V，用于 110kV 及以上中性点直接接地系统时为 100V。

（2）电压互感器正常运行时近似空载状态。电压线圈导线较细，负载阻抗较大，负载电流很小，所以电压互感器正常运行时近似于空载运行的变压器。

（3）电压互感器二次侧不允许短路。由于电压互感器内阻抗很小，若二次回路短路，则会出现危险的过电流，将损坏二次设备和危及人身安全。

（4）电压互感器的变比。若电压互感器一次绕组为 N_1 匝，额定相电压为 $\dot{U}_{1N}$；二次绕组为 N_2 匝，额定相电压为$\dot{U}_{2N}$，则变比 n_{TV}为

$$n_{TV}=\frac{N_1}{N_2}=\frac{U_{1N}}{U_{2N}} \tag{6-5}$$

对于三相五柱式电压互感器，为了使开口三角侧输出的最大二次电压 U_{mnmax}不超过 100V，其变比 n_{TV}有两种情况：

1）用于 35kV 及以下中性点不直接接地系统，变比 n_{TV}为

$$n_{TV}=U_{1N}/\frac{100}{\sqrt{3}}/\frac{100}{3} \tag{6-6}$$

2）用于 110kV 及以上中性点直接接地系统，变比 n_{TV} 为

$$n_{TV}=U_{1N}/\frac{100}{\sqrt{3}}/100 \tag{6-7}$$

3. 电压互感器的极性

电压互感器的极性端采用减极性标注法，用星号“*”或“·”表示极性端。

电压互感器一、二次绕组的极性取决于绕组的绕向，而一、二次绕组电压的相位取决于绕组的绕向和对绕组始末端的标注方法，我国按一、二次电压相位相同的方法标注极性端，这种标注方法称为减极性标注法。

所谓极性端是指在同一瞬间，端子 H1 有正电位时，端子 K1 也有正电位，则两端子有相同的极性。

这种标注方法使一、二次电压相位相同。当电压互感器带上负载后，一次绕组电流 I_1 的正方向从极性端 H1 流入，二次绕组电流 I_2 的正方向从极性端 K1 流出，可简记为电流是“头进头出”。

对于三相五柱式电压互感器，一、二次绕组相电压的正方向也是由极性端指向非极性端。

4. 电压互感器的接线方式

一次系统正常运行（或对称短路）时，$\dot{U}_{L1}$、$\dot{U}_{L2}$、$\dot{U}_{L3}$三相电压对称（或三相电压中含有对称的正序电压或负序电压时），其相量之和等于零（即 $3\dot{U}_0$ 等于零）。

一次系统发生单相或两相接地故障时，电压互感器二次电压与故障点的位置、故障类型及电压互感器的变比有关。一次系统发生单相（L1 相）金属性接地时，$\dot{U}_{mn}$的大小可分为下面两种情况：

(1) 35kV 及以下的中性点不直接接地系统。相量图如图 6-3（a）所示，故障相对地电压为零，非故障相对地电压升高为线电压，非故障相之间电压为线电压，可见，此时线电压三角形不变，用户可正常工作，允许继续运行一段时间。

因为 $3\dot{U}_0=\dot{U}_{L1}+\dot{U}_{L2}+\dot{U}_{L3}$，则

$$\dot{U}_{mn}=\frac{1}{n_{TV}}(\dot{U}_{L1}+\dot{U}_{L2}+\dot{U}_{L3})=\frac{1}{n_{TV}}\times 3\dot{U}_0=\frac{1}{n_{TV}}(\dot{U}_{L2}+\dot{U}_{L3}) \tag{6-8}$$

其有效值为

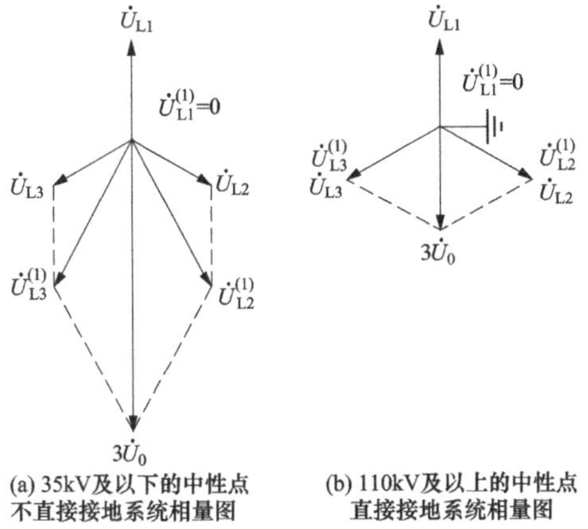

图 6-3　L1 相接地时三相电压互感器

$$U_{mn}=\frac{1}{n_{TV}}\times\sqrt{3}\times U_{L2}=\frac{1}{n_{TV}}\times 3U_0=3\times\frac{100}{3}=100(V)$$

（2）110kV 及以上的中性点直接接地系统。相量图如图 6-3（b）所示，该图对应 L1 相的负序电压与零序电压相等的情况，故障相对地电压为零，非故障相对地电压的大小和相位保持不变，则

$$\dot{U}_{mn}=\frac{1}{n_{TV}}(\dot{U}_{L2}+\dot{U}_{L3}) \tag{6-9}$$

其有效值为

$$U_{mn}=\frac{1}{n_{TV}}\times U_{L2}=100(V)$$

6.1.2　电流互感器

1. 电流互感器的结构

电流互感器按结构可分为单匝单铁芯、多匝单铁芯、多匝双铁芯电流互感器和零序电流互感器四种。

（1）单匝单铁芯电流互感器。如图 6-4（a）所示，单匝单铁芯电流互感器的一次绕组为单根粗导线，穿过一个圆形铁芯后，串入一次回路中；二次绕组绕于铁芯上。

（2）多匝单铁芯电流互感器。如图 6-4（b）所示，多匝单铁芯电流互感器的一次绕组为多匝，穿过一个圆形铁芯后，串入一次回路中；二次绕组绕于铁芯上。

（3）多匝双铁芯电流互感器。如图 6-4（c）所示，多匝双铁芯电流互感器的一次绕组为多匝，同时穿过两个圆形铁芯后，串入一次回路中；二次绕组绕于各自的铁芯上。

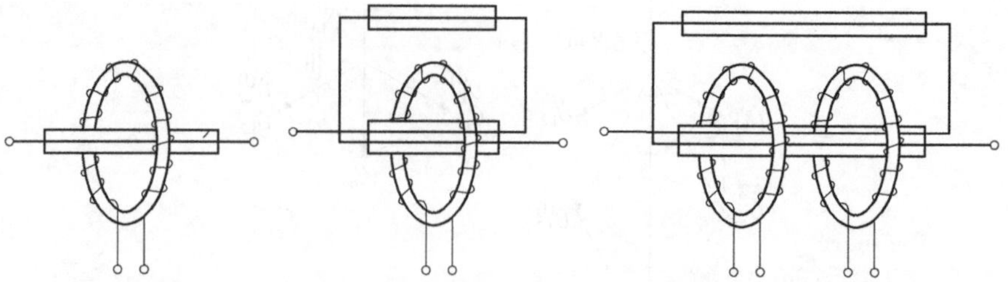

(a) 单匝单铁芯　　(b) 多匝单铁芯　　(c) 多匝双铁芯

图 6-4　电流互感器结构示意图

（4）零序电流互感器。如图 6-5 所示，零序电流互感器的一次绕组为三个（三相）单匝，同时穿过一个圆形铁芯，然后串入一次回路中；二次绕组绕于铁芯上。

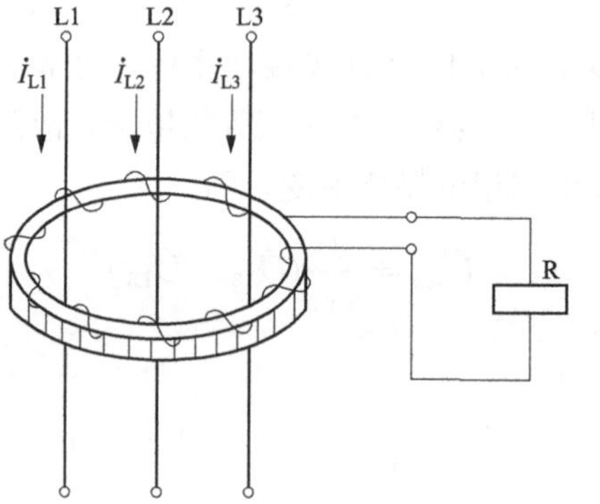

图 6-5　零序电流互感器结构示意图

零序电流互感器，流过负载 R 的电流 $\dot{I}_R$ 等于一次侧三相电流 $\dot{I}_{L1}$、$\dot{I}_{L2}$、$\dot{I}_{L3}$的相量和，即

$$\dot{I}_R = \frac{1}{n_{TA}}\left(\frac{1}{\dot{I}_{L1}} + \frac{1}{\dot{I}_{L2}} + \frac{1}{\dot{I}_{L3}}\right) = \frac{1}{n_{TA}} \times 3\dot{i}_0 \qquad (6\text{-}10)$$

正常运行（或对称短路）时，铁芯中不产生磁通，二次负载电流为

$$\dot{I}_R = 0 \qquad (6\text{-}11)$$

当一次系统发生单相接地（或不对称故障）时，三相电流不对称，其相量和不等于零，铁芯中出现零序磁通，此时

$$3\dot{I}_0 = \dot{I}\frac{1}{\dot{I}_{L1}} + \dot{I}\frac{1}{\dot{I}_{L2}} + \dot{I}\frac{1}{\dot{I}_{L3}} \qquad (6\text{-}12)$$

则二次负载电流为 $\dot{I}_R$ 为

$$\dot{I}_R=\frac{1}{n_{TA}}\left(\dot{I}\frac{1}{\dot{I}_{L1}}+\dot{I}\frac{1}{\dot{I}_{L2}}+\dot{I}\frac{1}{\dot{I}_{L3}}\right)=\frac{1}{n_{TA}}\times 3\dot{I} \tag{6-13}$$

2. 电流互感器的特点

(1) 电流互感器二次绕组的额定电流。当一次绕组流过额定电流时，二次绕组的额定相电流为 5、1A 或 0.5A。

(2) 电流互感器正常运行时接近短路状态。串接在电流互感器二次绕组上的负载，是测量仪表、继电保护和自动装置的电流线圈，电流线圈导线较粗，负载阻抗较小，则二次绕组的端电压较低，相当于短路状态。

(3) 电流互感器二次侧不允许开路。电流互感器正常运行时，二次电流有去磁作用，使合成磁动势很小。当二次侧开路时，二次电流的去磁作用立即消失，使合成磁动势突然增大。这时，在二次侧感应出数百伏至数千伏的高电压，危及二次设备及人身安全，所以，运行中的电流互感器严禁二次回路开路。

(4) 电流互感器的变比。若电流互感器一次绕组为 N_1 匝，额定相电流为 $\dot{I}_{1N}$；二次绕组为 N_2 匝，额定相电流为 $\dot{I}_{2N}$，则变比 n_{TA}为

$$n_{TA}=\frac{N_2}{N_1}=\frac{I_{1N}}{I_{2N}} \tag{6-14}$$

3. 电流互感器的极性

为了准确判别电流互感器一次电流 $\dot{I}_1$ 与二次电流 $\dot{I}_2$ 的相位关系，必须先识别一、二次绕组的极性端。电流互感器极性端标注的方法和符号与电压互感器相同，如图 6-6（a）所示。一次电流 $\dot{I}_1$ 的正方向从极性端 H1 流入一次绕组，从 H2 端流出；二次电流 $\dot{I}_1$ 的正方向从二次绕组的极性端 K1 流出，从 K2 流入，即“头进头出”。

按上述原则标注电流正方向时，在忽略电流互感器相位差的情况下，一次电流 $\dot{I}_1$ 与二次电流 $\dot{I}_2$ 相位相同，如图 6-6（b）所示。

4. 电流互感器的接线方式

电流互感器的接线方式根据测量仪表、继电保护及自动装置的要求而定，常见的接线方式有三相星形、两相 V 形、三相三角形和三相零序四种。

(1) 三相星形接线方式。三个型号相同的电流互感器的一次绕组分别串接入一次系统三相回路中，二次绕组与二次负载连接成星形接线，如图 6-7 所示。

正常运行时，在三相负载中分别流过二次绕组的相电流为

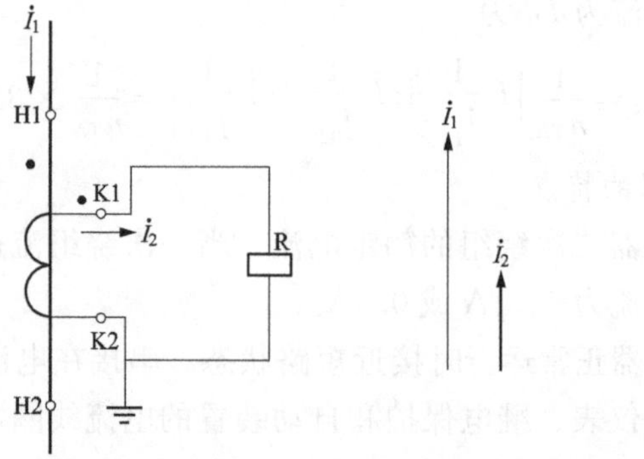

(a) 电流互感器极性标注　　(b) 一次电流与二次电流极性

图 6-6　电流互感器极性

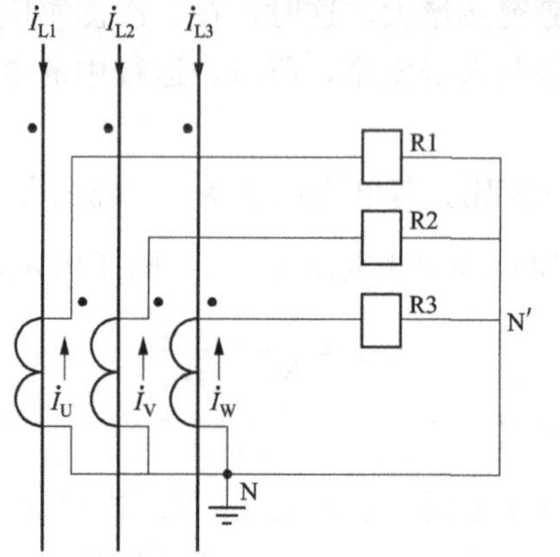

图 6-7　三相星形接线

$$I_U=\frac{I_{L1}}{n_{TA}},I_V=\frac{I_{L2}}{n_{TA}},I_W=\frac{I_{L3}}{n_{TA}} \tag{6-15}$$

式中　I_{L1}、I_{L2}、I_{L3}——电流互感器一次相电流，A；

I_U、I_V、I_W——电流互感器二次相电流，A。

这种接线方式的特点是：流过负载的电流等于流过二次绕组的电流，因此接线系数（或称电流分配系数）k 等于 1；三相电流 I_{L1}、I_{L2}、I_{L3}对称时，在 N′与 N 的连接线中无电流；能反映各种类型的短路故障。

这种接线方式既可用于测量回路，又可用于继电保护及自动装置回路，因此广泛应用在电力系统中。

(2) 两相 V 形接线方式。两个型号相同的电流互感器一次绕组分别串接在一次系统 L1、L3 两相回路中，二次绕组与二次负载（R1、R2）连接成 V 形接线，如图 6-8（a）所示。

参照三相星形接线可知，这种接线方式的特点是：流过负载的电流等于流过二次绕组的电流，因此接线系数 k 等于 1；三相电流（I_{L1}、I_{L2}、I_{L3}）对称时，在 N′与 N 的连接线中流过 V 相电流（$-I_V$），但在一次系统发生不对称短路时，N′N 连接线中流过的电流往往不是真正的 V 相电流；不能反映 L2 相接地故障。

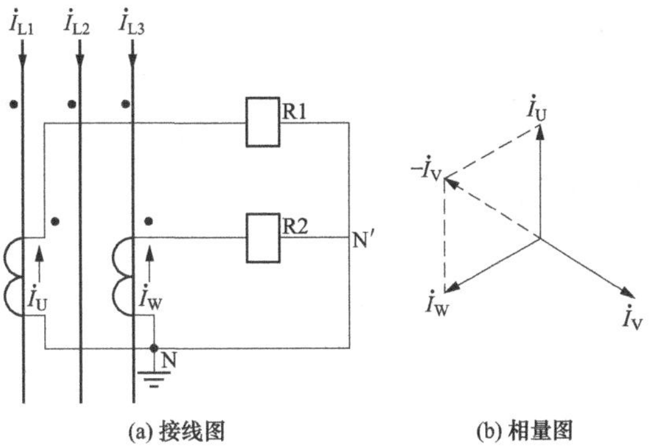

图 6-8　两相 V 形接线方式

（3）三相三角形接线方式。三个型号相同的电流互感器的一次绕组分别串接入一次系统的三相回路，二次绕组按三角形连接，然后与三相星形连接的负载相连，如图 6-9（a）所示。

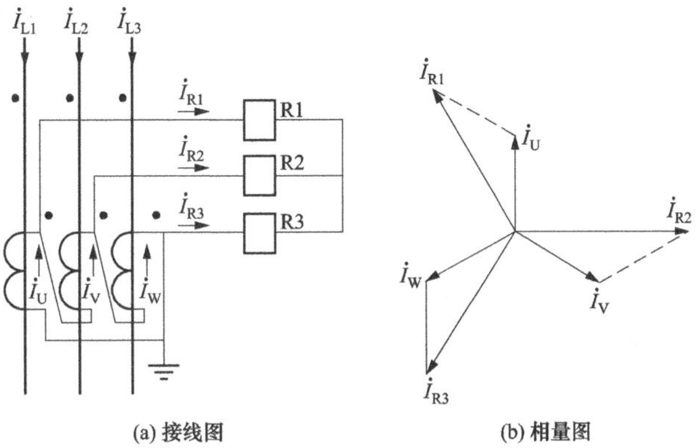

图 6-9　三相三角形接线方式

正常运行时，流过每相负载（R1、R2、R3）的电流是两相电流的相量差，如图 6-9（b）所示，即

$$I_{R1}=I_U=I_V$$
$$I_{R2}=I_V=I_W \quad (6\text{-}16)$$
$$I_{R3}=I_W=I_U$$

这种接线方式的特点是：流过每相负载的电流等于相电流的$\sqrt{3}$倍，因此接线系数 k 等于$\sqrt{3}$；能反映各种类型的短路故障，但一次系统发生不对称短路故障时，各相负载中的电流变化较大。

这种接线方式主要用于继电保护及自动装置中，很少用于测量仪表回路。

(4) 三相零序接线方式。它是将三相中三个同型号电流互感器的极性端连接起来，同时将非极性端也连接起来，然后再与负载 R 相连接，组成零序电流滤过器，如图 6-10 所示。

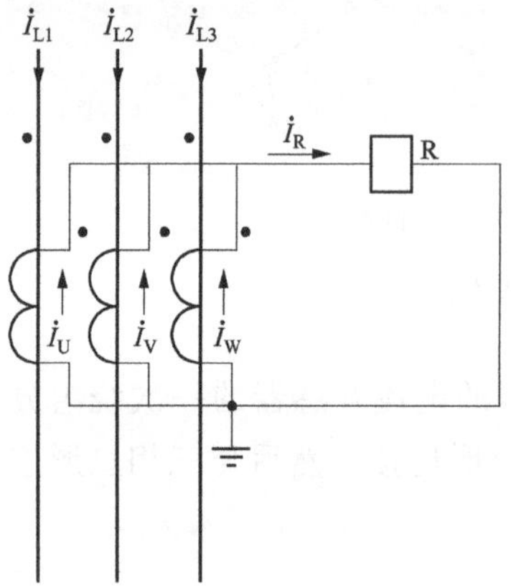

图 6-10　三相零序接线方式

这种接线流过负载 R 的电流 I_R 等于三个电流互感器二次电流的相量和，即

$$\dot{I}_R=\dot{I}_U+\dot{I}_V+\dot{I}_W=\frac{1}{n_{TA}}(\dot{I}_{L1}+\dot{I}_{L2}+\dot{I}_{L3})=\frac{1}{n_{TA}}\times 3\dot{I} \quad (6\text{-}17)$$

零序电流互感器正常运行（或对称短路）时，二次负载电流为

$$\dot{I}_R=0 \quad (6\text{-}18)$$

当一次系统发生接地短路时，二次负载电流为

$$\dot{I}_R=\frac{1}{n_{TA}}\times 3\dot{I} \quad (6\text{-}19)$$

这种接线方式主要用于继电保护及自动装置回路，测量仪表回路一般不用。

5. 电流互感器的误差、准确级及 10%误差曲线

(1) 误差。电流互感器在理想（即忽略铁芯损耗）情况下，$n_{TA}I$ 与 I_1 大小相等、相位相同，实际上存在着误差，其误差极限包含有相位（角）误差，用度（°）表示；电流（值）误差 ΔI，用百分数（%）表示，即

$$\Delta I=\frac{n_{TA}I-I_1}{I_1}\times 100\% \quad (6\text{-}20)$$

(2) 准确级。电流互感器的准确级或准确度等级是指在规定的二次负载范围内，一次电流为额定值时，电流的最大误差，用百分数（%）表示。

准确级分为 0.2、0.5、1、3、10（10P 或 10P10 或 10P20）五级，其中，

0.2、0.5、1 级为测量级；3、10（10P、10P10、10P20）级为保护级。括号内为国际电工委员会 IEC 规定，10P 中的“P”表示保护，10P10、10P20 后边的 10 和 20 表示一次电流与额定电流的倍数。

测量级电流互感器在一次系统正常运行时工作。电流互感器最大误差极限不超过相应的准确级。例如：10P10 表示短路电流与额定电流倍数 m 为 10 时，在保证 10%误差曲线（即二次负载阻抗 Z 不超过允许负载阻抗 Z）情况下，电流误差极限为 10%，相位误差极限一般不作规定。

（3）10%误差曲线。10%误差曲线是在保证电流互感器电流误差不超过 10%条件下，一次电流倍数 $m\left(\text{即}-\frac{I_1}{I_N}\right)$ 与电流互感器二次允许负载阻抗 Z 的关系曲线，如图 6-11 所示。

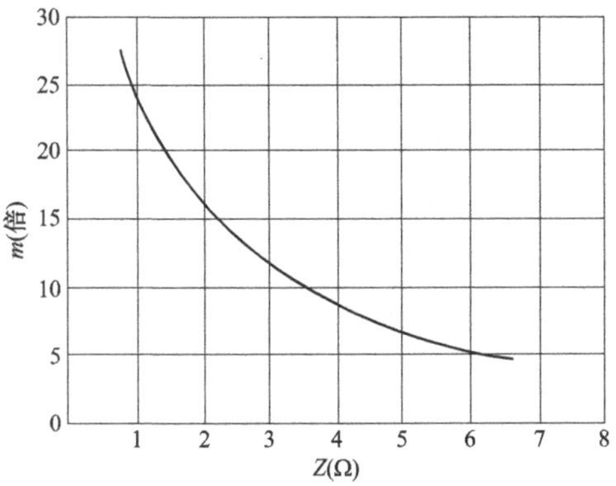

图 6-11　电流互感器 10%误差曲线

6.2　电压互感器二次回路

6.2.1　对电压互感器二次回路的要求

电压互感器二次回路应满足以下要求：

（1）电压互感器的接线方式应满足测量仪表、远动装置、继电保护和自动装置检测回路的具体要求。

（2）应装设短路保护。

（3）应有一个可靠的接地点。

（4）应有防止从二次回路向一次回路反馈电压的措施。

（5）对于双母线上的电压互感器，应有可靠的二次切换回路。

6.2.2　电压互感器二次回路的短路保护

1. 装设熔断器

在 35kV 及以下中性点不直接接地系统中，一般不装设距离保护，不用担心在电压互感器二次回路末端短路时，因熔断器熔断较慢而造成距离保护误动作，因此，对 35kV 及以下的电压互感器，可以在二次绕组各相引出端装设熔断器（如图 6-12 中所示的 FU1～FU3）作为短路保护。

选择熔断器的原则有以下两点：

（1）在电压互感器二次回路内发生短路故障时，熔断器熔体的熔断时间应小于断电保护的动作时间。

（2）熔断器熔体应考虑一组母线停止运行时，所有电压回路的负载全部切换至另一组电压互感器上。

2. 装设低压断路器

在 110kV 及以上中性点直接接地系统中，通常装有距离保护，在远离电压互感器的二次回路上发生短路故障时，短路点附近的电压比较低或等于零，可能引起距离保护误动作。所以，对于 110kV 及以上的电压互感器，在二次绕组各相引出端装设快速低压断路器（如图 6-13 中的 QA1～QA3）作为短路保护。

选择低压断路器时有以下三点原则：

（1）低压断路器脱扣器的动作电流应整定为二次最大负载电流的 1.5～2.0 倍。

（2）低压断路器应能瞬时动作于跳闸。

（3）低压断路器脱扣器的断开时间不应大于 0.02s。

对于 110kV 及以上或 35kV 及以下的电压互感器，在中性线和辅助二次绕组回路中，均不装设熔断器或低压断路器，因为正常运行时，在中性线和辅助二次绕组回路中，没有电压或只有很小的不平衡电压，同时，此回路也难以实现对熔断器和低压断路器的监视。

由电压互感器二次回路引到继电保护屏的分支回路上，为保证继电保护工作的可靠性，不装设熔断器；引到测量仪表回路的分支回路上，应装设熔断路，此熔断器应与主回路的熔断器在动作时限上相配合，以便保证在测量回路中发生短路故障时，首先熔断分支回路熔断器。

6.2.3　电压互感器二次回路断线信号装置

由于电压互感器二次输出端装有短路保护，故当短路保护动作或二次回路断线时，为了避免在电压回路断线的情况下，发生外部故障造成距离保护无选择性动作，或者使其他继电保护和自动装置不正确动作，一般需要装设电压回路断线信号装置。当熔断器或低压断路器断开或二次回路断线时，发出断线信号，以便运行人员及时发现并处理。

电压回路断线信号装置的类型很多。目前多采用按零序电压原理构成的电压回路断线信号装置。断线信号继电器 K 有两组线圈，其工作线圈 L1 接于电容中性点 N′和二次回路中性点 N 回路中，另一线圈 L2 经 C′、R′接于电压互感器辅助二次绕组回路。

在正常运行时，由于 N′与 N 等电位，辅助二次回路电压也等于零，所以断线信号继电器 K 不动作。

当电压互感器二次回路发生熔断器或低压断路器三相同时断开时，在 N′与 N 之间无零序电压出现，断线信号继电器 K 将拒绝动作，不发断线信号，这是不允许的。为此，在三相熔断器或三相低压断路器的任一相上并联一个电容 C（见图 6-13）。这样，当三相同时断开时，电容 C 仍串接在一相电路中，则 N′与 N 之间仍有电压，可使断线信号继电器 K 动作，仍能发出断线信号。

电容 C 的电容值选择与二次负载大小有关。当电压互感器二次回路上接有两套距离保护装置时，C 可取 4μF；当接有四套距离保护装置时，C 可取 8μF。但必须经过现场模拟试验，即在电压互感器最大负载时三相断线和最小负载时与电容 C 并联的一相断线后，作用在断线信号继电器的电压不小于其动作电压的 2 倍，这是选择电容 C 的基本依据。

6.2.4 电压互感器二次回路安全接地

国内电压互感器二次侧的接地方式有 V 相接地和中性点接地两种。

1. V 相接地的电压互感器二次电路

由于一次系统发生单相接地故障时，相电压随其变化，而线电压三角形不变，因此，同步系统不能用相电压，而必须用线电压，为了简化其二次回路，对于 35kV 及以下的电压互感器，二次绕组一般采用 V 相接地，如图 6-12 所示。

在图 6-12 中，M709 和 M710 分别为Ⅰ和Ⅱ组预告信号小母线；+702 为母线设备辅助小母线。TV・U、TV・V、TV・W 为电压互感器主二次绕组，在二次绕组引出端附近，装设熔断器 FU1～FU3 作为二次回路的短路保护，二次绕组的安全接地点设在 V 相，并设在 FU2 之后，以保证在电压互感器二次侧中性线上发生接地故障时，FU2 对 V 相绕组起保护作用。但是接地点设

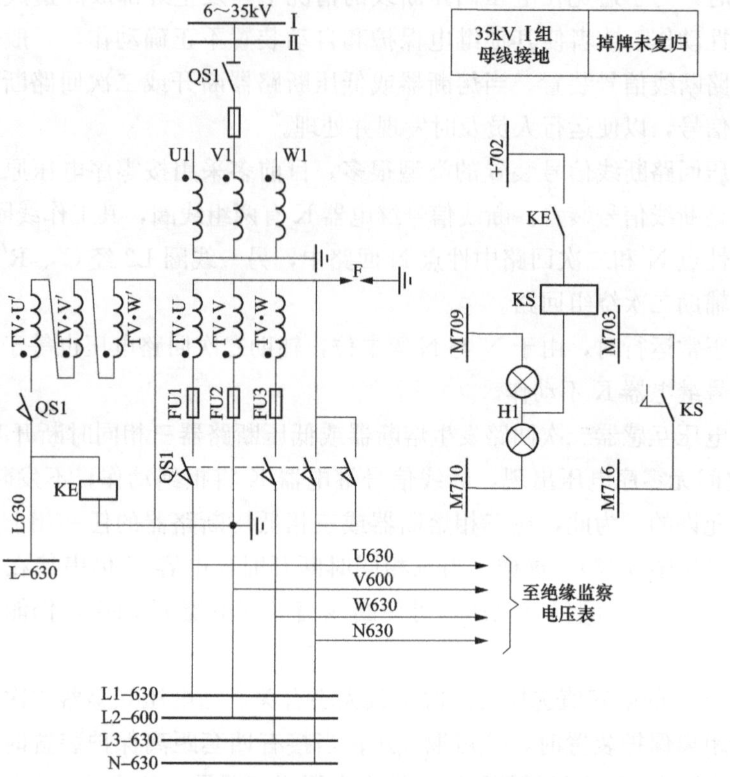

图 6-12　V 相接地的电压互感器二次电路图

在熔断器 FU2 之后也有缺点，当熔断器 FU2 熔断后，电压互感器二次绕组将失去安全接地点，为了防止在这种情况下有高电压侵入二次侧，在二次侧中性点与地之间装设一个击穿熔断器 F。间隙若被击穿，将变为一个新的安全接地点，电压值恢复正常后，击穿熔断器自动复归，处于开路状态。正常运行时中性点对地电压等于零（或很小），击穿熔断器处于开路状态，对电压互感器二次回路的工作无任何影响。

母线上的电压互感器是接在同一母线上的所有电气元件（发电机、变压器、线路等）的公用设备。为了减少联系电缆，采用了电压小母线 L1-630、L2-600、L3-630、N-630 和 L-630（630 代表Ⅰ组母线，L1、L2、L3、N 和 L 代表相别和零序）。电压互感器二次引出端最终接在电压小母线上。根据具体情况，电压小母线可布置在配电装置内或保护和控制屏顶部。

在辅助二次绕组 TV・U′、TV・V′、TV・W′回路中，装有绝缘监察继电器 KE，用来监视一次系统是否接地（或绝缘是否完好）。当零序电压大于 KE 的启动电压（一般整定为 15V）时，KE 动作，其动合触点闭合，点亮光字牌 H1，显示“第Ⅰ组母线接地”字样，并发出预告音响信号，还启动信号继电器 KS，KS 动作后掉牌落下，将 KE 动作记录下来，同时通过小母线 M703、M716 点亮“掉牌未复归”光字信号，提醒运行人员 KE 动作及 KS 的掉牌还没有复归。

在母线接地时，为了判别哪相接地，通常接有绝缘监察电压表。

2. 中性点接地的电压互感器二次电路

中性点接地的电压互感器二次电路如图 6-13 所示。

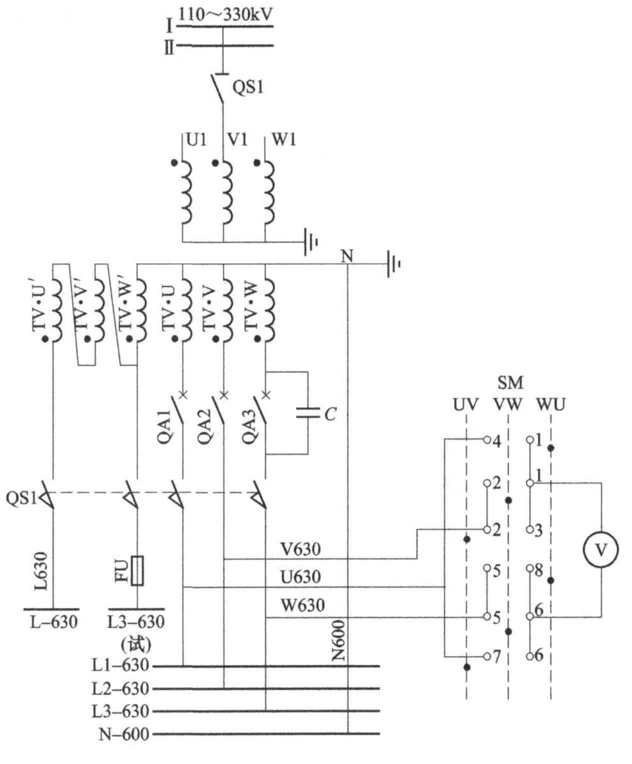

图 6-13　中性点接地的电压互感器二次电路图

前面已经讲过，对于 110kV 及以上的电压互感器，在二次回路装有短路保护，并装有电压回路断线信号装置，为了保证在二次回路断线时，断线信号能可靠地发出，其中性点引出线不经过隔离开关的辅助触点（或继电器的触点）引出，并在三相中的任一相上并联一个电容 C；为防止二次侧向一次侧反馈电压，其各相（除中性线）引出端都经电压互感器隔离开关 QS1 的辅助触点引出；图 6-13 中还设有相应的电压小母线。

为了给零序功率方向保护提供 $3U$ 电压，在辅助二次绕组输出端设有零序电压（$3U_0$）小母线 L-630；为了便于利用负载电流检查零序功率方向元件的接线是否正确，由辅助二次绕组 TV·W′的正极性端引出一个试验小母线 L3-630(试)，其抽取的试验电压为$+U_{WN}$。

由于一次系统中性点直接接地，则不需装设绝缘监察装置，而是通过转换开关 SM，选测U_{UV}、U_{VW}、U_{WU}三种线电压。

6.2.5 电压互感器二次电压切换电路

1. 双母线上电气元件二次电压的切换

一般利用隔离开关的辅助触点和中间继电器触点进行自动切换，如图 6-14 所示。

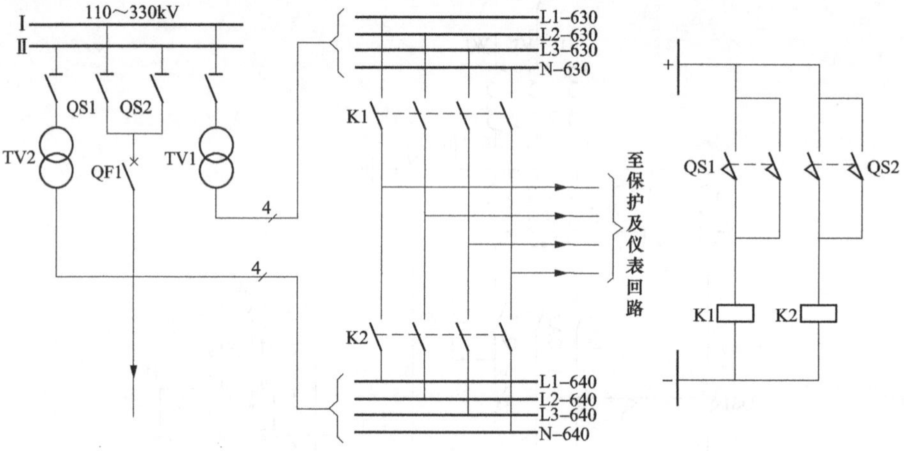

图 6-14 利用继电器触点进行切换的电压电路

图 6-14 中，L1-630、L2-630、L3-630、N-630 和 L1-640、L2-640、L3-640、N-640 分别为第Ⅰ组和第Ⅱ组母线电压互感器二次电压小母线，馈线（电气元件）的二次电压利用中间继电器 K1、K2 的触点进行切换，当馈线运行在Ⅰ组母线上时，隔离开关 QS1 闭合，由其辅助动合触点启动中间继电器 K1，K1 的动合触点闭合，将Ⅰ组母线电压互感器小母线上的电压引至馈线的保护及仪表的电压回路。

2. 互为备用的电压互感器二次电压切换

对于 6kV 及以上电压等级的双母线系统，两组母线的电压互感器应具有互为备用的切换回路，以便其中一组母线上的电压互感器停用时，保证其二次电压小母线上的电压不间断，其切换电路如图 6-15 所示。

切换操作是利用手动开关 S 和中间继电器 K 实现的。由于这种切换只有当母联断路器在闭合状态下才能进行，因此，中间继电器 K 的负电源是由母

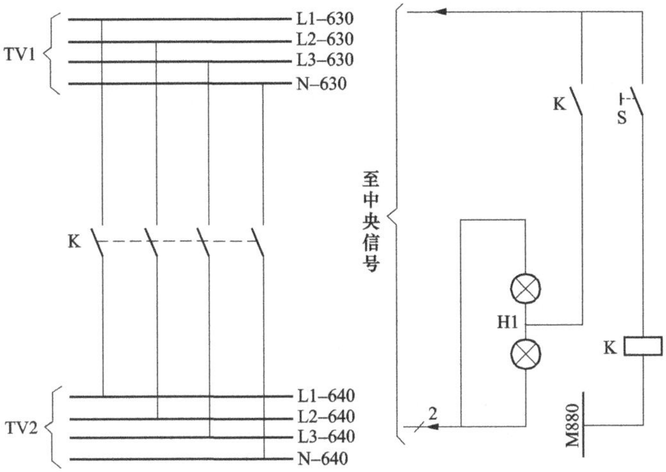

图 6-15　两组母线电压互感器互为备用的切换电路图

联隔离开关操作闭锁小母线 M880 供给。例如：Ⅰ组母线上的电压互感器 TV1 需要停用时，停用前双母线需并联运行（即合上母联断路器），使母联隔离开关操作闭锁小母线 M880 与电源负极接通，然后再接通手动开关 S，启动中间继电器 K，K 动作后，其动合触点闭合，点亮光字牌 H1，显示“电压互感器切换”字样，最后断开Ⅰ组母线电压互感器 TV1 的隔离开关，使 TV1 的电压小母线由 TV2 供电。

6.3　电流互感器二次回路

6.3.1　对电流互感器二次回路的要求

电流互感器二次回路应满足以下要求：

（1）电流互感器的接线方式应满足测量仪表、远动装置、继电保护和自动装置检测回路的具体要求。

（2）应有一个可靠的接地点，但不允许有多个接地点，否则会使继电保护拒绝动作或仪表测量不准备。

（3）当电流互感器二次回路需要切换时，应采取防止二次回路开路的措施。

（4）为保证电流互感器能在要求的准确级下运行，其二次负载阻抗不应大于允许负载阻抗。

（5）保证极性连接正确。

6.3.2 电流互感器的二次负载

电流互感器的二次负载指的是二次绕组所承担的容量，即负载功率。其计算式为

$$S_1 = U_1 I_1 = I_1^2 Z_1 \tag{6-21}$$

式中 S_1——电流互感器二次负载功率，VA；

U_1——电流互感器二次工作电压，V；

I_1——电流互感器二次工作电流，A；

Z_1——电流互感器二次负载阻抗，Ω。

为了保证电流互感器能够在要求的准确级下运行，必须校验其实际二次负载阻抗是否小于允许值。校验的方法有两种：在设计阶段用计算法，在电流互感器投入运行前用实测法。

1. 计算法

电流互感器二次负载阻抗可用式（6-22）计算

$$Z_1 = K_1 Z_N + K_2 Z_N + R \tag{6-22}$$

式中 Z_1——连接导线阻抗，Ω；

Z_N——测量仪表或继电器线圈阻抗，Ω；

R——接触电阻，一般为 0.05～0.1Ω；

K_1、K_2——连接导线、继电器或测量仪表线圈阻抗换算系数，取决于电流互感器及负载的接线方式和一次回路的短路型式。

下面分析图 6-16 所示三相电流互感器星形接线方式下，在发生三相、两相和单相短路故障时，二次负载阻抗和阻抗换算系数。

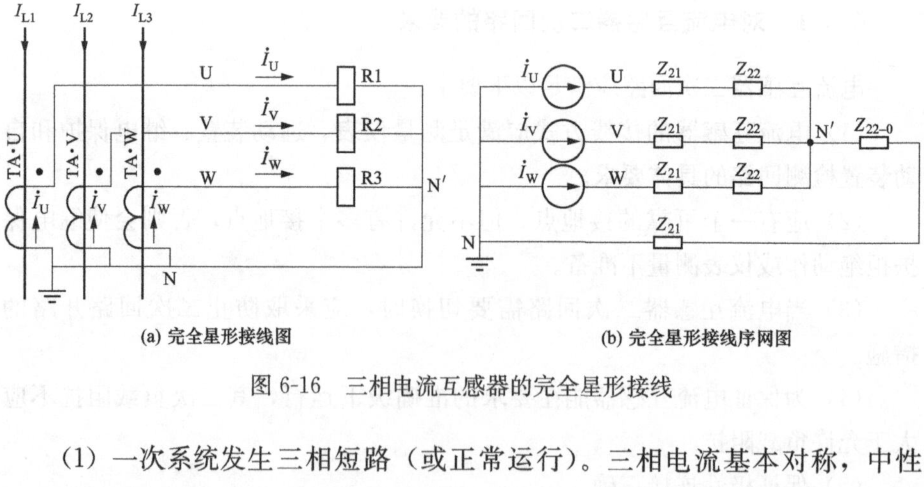

(a) 完全星形接线图　　(b) 完全星形接线序网图

图 6-16　三相电流互感器的完全星形接线

（1）一次系统发生三相短路（或正常运行）。三相电流基本对称，中性

线（N′与 N 连线）上无电流，所以，电流互感器 V 相二次电压为

$$U_V = I_V(Z_N + Z) \tag{6-23}$$

即

$$Z = \frac{U_V}{I_V} = Z_N + Z \tag{6-24}$$

与式（6-22）比较可知：$K_1 = 1$，$K_2 = 1$。

（2）一次系统发生 L1、L2 两相短路。在忽略负载电流的情况下，有

$$I_{L1} = I_{L2}，I_{L2} = 0 \tag{6-25}$$

则 $I_U = I_V$，$I_W = 0$，所以中性线电流为

$$I_N = I_U + I_V + I_W = 0 \tag{6-26}$$

此时，L1、L2 两相电流互感器的二次绕组视为相互串联，因此

$$2U_V = I_V(Z_N + Z_W + Z_N + Z_W) = 2I_V(Z_N + Z_W) \tag{6-27}$$

即

$$Z = \frac{U_V}{I_V} = Z_N + Z_W \tag{6-28}$$

与式（6-22）比较可知：$K_1 = 1$，$K_2 = 1$。

（3）110kV 及以上中性点直接接地系统发生 L1 相单相接地短路。在忽略负载电流的情况下，有

$$I_V = I_W = 0 \tag{6-29}$$

则中性线电流 $I_N = I_V$，因此

$$U_V = I_V(Z_N + Z_N) + I_N(Z_W + Z_{W\text{-}0}) = I_V(Z_W + Z_{W\text{-}0} + 2Z_N) \tag{6-30}$$

式中　$Z_{W\text{-}0}$——接于中性线上的负载阻抗，Ω。

若 $Z_W \gg Z_{W\text{-}0}$，有

$$Z_W + Z_{W\text{-}0} \approx Z_W \tag{6-31}$$

则

$$U_V = I_V(Z_W + 2Z_N) \tag{6-32}$$

即

$$Z = \frac{U_V}{I_V} = 2Z_N + Z_W \tag{6-33}$$

与式（6-22）比较可知：$K_1 = 1$，$K_2 = 1$。

可见，这种接线方式在一次回路发生单相接地短路时，二次负载阻抗最大。

通过上述分析可知其他接线方式的电流互感器阻抗换算系数 K_1、K_2。

2. 实测法

实测法通常采用电流电压法实测二次负载阻抗，再按公式和系数，计算

出每相电流互感器的二次最大负载阻抗 Z。

110kV 及以上中性点直接接地系统的单相短路与此相同。

实测法与电流互感器的接线方式有关。

(1) 三相星形接线方式。将电流互感器二次绕组的引出端拆开，分别从 U—N、V—N、W—N 向负载回路通入交流相电流（一般不超过额定值），并测取相应的外加电压 U_{UN}、U_{VN}、U_{WN}。如果通入电流大小相等且二次负载回路三相对称，则

$$U_{UN}=U_{VN}=U_{WN}=U \tag{6-34}$$

每相负载的实测阻抗为

$$Z_R=\frac{U_R}{I_R}=2Z_N+Z_W+Z_{W\text{-}0} \tag{6-35}$$

三相星形接线方式下，在一次回路发生单相短路时，二次负载阻抗最大，其计算公式与式（6-35）相同，即

$$Z=2Z_N+Z_W+Z_{W\text{-}0} \tag{6-36}$$

可见，对于三相星形接线的电流互感器，其二次负载阻抗最大值 Z 等于实测阻抗 Z_R。

(2) 三相三角形接线方式。分别在电流互感器一次侧 L1—L2、L2—L3、L3—L1 端通入试验（交流）电流（需将一次侧的另一端的两个端子短接），其试验电流不能超过额定值，分别测出二次侧电流和相应的感应电压 U_{UV}、U_{VW}、U_{WU}。当二次侧三相负载不对称时，应根据每次测得的电压与电流值求得

$$Z_{UV}=\frac{U_{UV}}{I},Z_{VW}=\frac{U_{VW}}{I},Z_{WU}=\frac{U_{WU}}{I} \tag{6-37}$$

由于二次负载的阻抗角相差不大，可以假定 Z_{UV}、Z_{VW}、Z_{WU}的阻抗角相等，再换算出各相阻抗为

$$Z_U=\frac{1}{2}(Z_{UV}+Z_{WU}-Z_{VW})$$

$$Z_V=\frac{1}{2}(Z_{UV}+Z_{VW}-Z_{WU})$$

$$Z_W=\frac{1}{2}(Z_{WU}+Z_{VW}-Z_{UV}) \tag{6-38}$$

在每次计算出来的三相阻抗 Z_U、Z_V、Z_W 中，取其最大者作为每相负载的实测阻抗 Z_R。三角形接线方式下，当一次回路发生三相短路时，二次负载阻抗最大，则每个电流互感器负担的二次最大负载阻抗为

$$Z=3Z_R \tag{6-39}$$

可见，对于三相三角形接线的电流互感器，二次负载阻抗最大值 Z 是实测阻抗 Z_R 的 3 倍。

对于其他接线方式的电流互感器，均可参照上述方法进行实测，这里不再赘述。

3. 校验计算

校验电流互感器二次负载阻抗（或电流互感器误差校验）时，应根据电流互感器的不同用途进行。

（1）测量仪表用的电流互感器二次负载阻抗 Z_2(容量 S_2)，要求在正常运行时不应大于该准确级下的二次额定负载阻抗（容量），即

$$Z_2 \leqslant Z_{2N} \text{ 或 } S_2 \leqslant S_{2N} \tag{6-40}$$

式中 Z_{2N}——电流互感器二次额定负载阻抗，Ω；

S_{2N}——电流互感器二次额定容量，VA。

测量仪表用的电流互感器二次负载阻抗 Z，其计算公式与式（6-22）类似，即

$$Z = K_1 Z_2 + K_2 Z_2 + R \tag{6-41}$$

式中 Z_2——测量仪表线圈阻抗，Ω；

K_1、K_2——阻抗换算系数，取正常运行状态下的值。

Z 及 R 意义同前。

按式中计算出的 Z 若满足，则表明电流互感器能在要求的准确级下运行，即校验结果满足要求。

（2）继电保护用的电流互感器的二次负载阻抗。按电流互感器的 10%误差曲线进行校验，即

$$Z_2 \leqslant Z \tag{6-42}$$

为查 10%曲线，首先要确定短路时一次电流倍数 m，即

$$m = \frac{K}{I_{1N}} \tag{6-43}$$

式中 K——可靠系数；

I_{1N}——流过电流互感器一次绕组的短路电流。

可靠系数 K 和短路电流 I 与保护方式有关，已在继电保护课程中讲述。

在所选用的电流互感器的 10%误差曲线图（见图 6-11）上找出与 m 相对应的二次允许负载阻抗 Z。

继电保护用的电流互感器二次负载阻抗 Z，其计算公式与式（6-22）类似，即

$$Z_2 = K_1 Z + K_2 Z + R$$

$$Z = \frac{P}{I^2}$$

式中 Z——继电器阻抗，Ω；

P——继电器在最低鉴定值时消耗的总功率，可由手册或产品样本查得；

I——继电器在最低鉴定值时的动作电流；

K_1、K_2——阻抗换算系数。

若计算出的 Z 满足10%误差曲线对应的二次允许负载阻抗，则校验结果满足要求；若不满足要求，可根据具体情况采取以下措施：

1）增加连接导线的截面积。

2）将同一电流互感器的两个二次绕组串联起来使用。

3）将电流互感器的两相V形接线改为三相星形接线，差电流接线改为两相V形接线。

4）选用二次允许负载阻抗较大的电流互感器。

5）采用二次额定电流小的电流互感器或消耗功率小的继电器等。

6.4 互感器常见异常处置

6.4.1 电流互感器常见异常处置

1. 电流互感器常见异常及可能原因分析

（1）电流互感器过热，可能是内、外接头松动，一次过负荷或二次开路。

（2）互感器产生异响，可能是铁芯或零部件松动，电场屏蔽不当，二次开路或电位悬浮，末屏开路及绝缘损坏放电。

（3）绝缘油溶解气体色谱分析异常，应按DL/T 722—2014《变压器油中溶解气体分析和判断导则》进行故障判断并追踪分析，若仅氢气含量超标，且无明显增加趋势，其他组分正常，可判断正常。

2. 常见异常及事故处理：二次回路开路

电流互感器二次回路开路时，电流表指示为零，有功功率表、无功功率表、电能表指示降低，差动断线光字牌示警，电流互感器发出异常响声或出现发热、冒烟等，故障点端子排也可能会击穿冒火，值班员可以根据严重程度采取如下不同措施。

（1）立即报告调度，停用有关保护，将故障电流互感器一、二次侧短接。

（2）查明故障点，在保证安全前提下，设法在开路处附近端子上将其短路，短路时不得使用熔丝，如不能消除开路，应考虑停电处理；有条件者申请旁路代运行后进行停电处理。

（3）如冒烟起火，应立即拉开该断路器，改冷备用后用消防设备灭火。

3. 常见异常及事故处理：油位异常

对充油型电流互感器还应检查互感器密封情况，其油位是否正常；对带有膨胀器密封的互感器，可通过油位窥视口内红色导向油位指示器观察。若油位急剧上升，可视为互感器内部存在短路或绝缘过热故障，以致油膨胀而引起，值班员应向调度申请停电处理。油位急剧下降，可能是互感器严重渗、漏油引起。值班员应视其情况，加强监视，报告调度并申请停电处理。

4. 电流互感器二次侧开路事故处理案例

（1）事故现象。某 220kV 变电站运行人员对继电保护室线路保护进行检查，发现 220kV 某 2417 线路保护屏后端子排烧焦发黑。

（2）处理过程。运行人员立即汇报调度，根据调度令将 2417 断路器转为检修，继保人员对保护屏后端子排进行更换，同时对 2471 断路器电流互感器进行检查试验，各项试验结果均正常，汇报调度恢复线路供电。

（3）原因分析。检查发现保护用 TA 至保护屏的外部端子排上二次 A421 电流回路导线端子的螺钉松动脱落，造成电流互感器二次侧开路。当 TA 二次开路时，二次电流为 $I_2=0$，一次电流全部变为励磁电流，磁通急增，二次开路处会感应一个很高的电压。当时 2417 线路负荷达到 379A，TA 的二次开路处产生高电压，引起着火。

当电流互感器正常运行时，由于二次侧负载阻抗很小，接近于短路状态，一次侧电流产生的磁动势大部分被二次侧电流产生的反磁动势所补偿，总磁通密度不大，在二次绕组产生的电动势也不大。开路时，二次侧电流为零，不能补偿，一次侧电压升高。

6.4.2 电压互感器常见异常处置

1. 电压互感器常见异常及可能原因分析

（1）二次电压波动：二次连接松动，分压器低压端子未接地或未接载波线圈。

（2）二次电压降低或消失：二次连接不良，电磁单元故障或电容单元 C2 损坏，一、二次熔断器熔断或二次空气断路器断开。

（3）电磁单元油位过高：下节电容单元漏油或电磁单元进水。

（4）二次电压高：电容单元 C1 损坏，分压电容接地端未接地。

（5）运行时有异响：可能是二次回路短路、接地，电磁单元中电抗器或中压变压器螺栓松动。

(6) 运行中的油CVT出现渗、漏油情况时，应视设备的油位和渗漏速度再决定处理方式。运行中的油CVT渗漏情况严重时，应联系调度和上级领导，并经调度命令，再进行处理。

(7) 运行中的CVT支持绝缘子闪络等异常故障时，应立即联系调度进行隔离。

2. 电压互感器二次回路断线的处理原则

(1) 当TV二次小开关跳闸或熔断器熔断时，应特别注意该回路的保护装置的动作情况，必要时经调度令停用有关保护，并查明二次回路是否短路或故障，经处理后再合上电压互感器二次小开关或更换熔断器，加用有关保护。

(2) 如果是测量和计量回路，运行人员应记录其故障的起止时间，以便估算电量的漏计。

(3) 如经外观检查未发现短路点，在有关保护停用的条件下，允许试合一次。

(4) 无法自行处理时，应通知专业人员进行处理。

3. 电压互感器典型事故或异常案例

(1) 主变压器500kV侧、220kV侧CVT二次回路断线。

1) 设备：主变压器500kV侧、220kV侧CVT。

2) 告警信号："TV空气断路器跳闸"光字牌；"主变压器保护A柜、B柜TV断线"光字牌。

3) 现象：①CVT端子箱内的交流电压空气断路器跳闸；②主变压器保护屏的两套RCS-978装置的"报警"灯亮，显示信息"Ⅰ侧TV异常"。

4) 影响：①对RCS-978保护影响：当达到正序电压或负序电压的定值，同时保护启动元件未启动，延时1.25s报该侧TV异常，并发出报警信号，自动退出阻抗保护；本侧方向元件自动满足条件（零序过电流保护Ⅰ段经方向闭锁)；电压恢复正常后延时10s恢复。②测量和计量数据偏差。③相应开关无法得到合闸同期电压。

5) 处理：①确认交流电压空气断路器处于合位；②查看并测量确认电压幅值、相位；③确认电压回路接线正确，没有虚接线；④检查CVT运行情况；⑤尽快安排检修。

6) 注意事项：①当本侧TV检修时，为避免阻抗保护的误动作，需投入"本侧电压退出"压板，此时自动退出阻抗保护；②当本侧TV检修时，为保证本侧方向闭锁过电流的正确动作，需投入"本侧电压退出"压板。

（2）220kV 母线 TV 二次回路断线。

1）设备：220kV 母线 TV。

2）告警信号：①“母线差动保护 TV 断线”光字牌；②“TV 计量电压消失”光字牌。

3）现象：①保护屏的 BP-2A 装置的“TV 断线”灯亮；②保护屏的 BP-2B 装置的“TV 断线”和“差动开放”灯亮；③接口屏的对应“电压继电器”动作。

4）影响：①相应母线的复合电压元件将一直动作，母线差动的电压闭锁元件开放；②相关开关无法得到同期合闸电压；③测量和计量数据偏差。

5）处理：①确认交流电压空气断路器处于合位；②查看并测量确认电压幅值、相位；③确认电压回路接线正确，没有虚接线；④检查 TV 运行情况；⑤尽快安排检修；⑥考虑二次电压切换。

6）注意事项：某一段非空母线失去电压（母线线电压、三倍零序电压、负序电压其中一个超过定值），延时 9s 发 TV 断线告警信号。除了该段母线的复合电压元件将一直动作外，对保护没有其他影响。如母线电压正常，则闭锁元件返回。只有在另一台电压互感器需要停电检修，并且其二次回路正常运行时，才把电压互感器二次并列。

6.5 互感器运行维护

6.5.1 互感器运行规定

1. 互感器运行一般规定

（1）互感器应有标明基本技术参数的铭牌标识，互感器技术参数必须满足装设地点运行工况的要求。

（2）电压互感器的各个二次绕组（包括备用）均必须有可靠的保护接地，且只允许有一个接地点。电流互感器备有的二次绕组应短路接地。接地点的布置应满足有关二次回路设计的规定。

（3）互感器应有明显的接地符号标识，接地端子应与设备底座可靠连接，并从底座接地螺栓用两根接地引下线与地网不同点可靠连接。接地螺栓直径应不小于 12mm，引下线截面尺寸应满足安装地点短路电流的要求。

（4）互感器二次绕组所接负荷应在准确等级所规定的负荷范围内。

（5）互感器的引线安装，应保证运行中一次端子承受的机械负载不超过制造厂规定的允许值。

（6）互感器安装位置应在变电站（所）直击雷保护范围之内。

（7）停运半年及以上的互感器应按有关规定试验检查合格后方可投运。

（8）电压互感器二次侧严禁短路。

（9）电压互感器允许在1.2倍额定电压下连续运行；中性点有效接地系统中的互感器，允许在1.5倍额定电压下运行30s；中性点非有效接地系统中的电压互感器，在系统无自动切除对地故障保护时，允许在1.9倍额定电压下运行8h。

（10）电磁式电压互感器一次绕组N(X)端必须可靠接地，电容式电压互感器的电容分压器低压端子（N、J）必须通过载波回路线圈接地或直接接地。

（11）中性点非有效接地系统中，作单相接地监视用的电压互感器，一次中性点应接地，为防止谐振过电压，应在一次中性点或二次回路装设消谐装置。

（12）电压互感器二次回路，除剩余电压绕组和另有专门规定者外，应装设快速开关或熔断器；主回路熔断电流一般为最大负荷电流的1.5倍，各级熔断器熔断电流应逐级配合，自动开关应经整定试验合格方可投入运行。

（13）电容式电压互感器的电容分压器单元、电磁装置、阻尼器等在出厂时，均经过调整误差后配套使用，安装时不得互换，运行中如发生电容分压器单元损坏，更换时应注意重新调整互感器误差。

（14）电流互感器二次侧严禁开路，备用的二次绕组也应短接接地。

（15）电流互感器允许在设备最高电流下和额定连续热电流下长期运行。

（16）电容型电流互感器一次绕组的末（地）屏必须可靠接地。

（17）倒立式电流互感器二次绕组屏蔽罩的接地端子必须可靠接地。

（18）三相电流互感器一相在运行中损坏，更换时要选用电流等级、电流比、二次绕组、二次额定输出、准确级、准确限值系数等技术参数相同，保护绕组伏安特性无明显差别的互感器，并进行试验合格，以满足运行要求。

（19）66kV及以上电磁式油浸互感器应装设膨胀器或隔膜密封，应有便于观察的油位或油温压力指示器，并有最低和最高限值标识。运行中全密封互感器应保持微正压，充氮密封互感器的压力应正常。互感器应标明绝缘油牌号。

2. 电流互感器紧急停运规定

发现有下列情况时，运维人员应立即汇报值班调控人员申请将电流互感器停运，停运前应远离设备：

（1）外绝缘严重裂纹、破损，严重放电。

（2）严重异响、异味、冒烟或着火。

(3) 严重漏油，看不到油位。

(4) 严重漏气，气体压力表指示为零。

(5) 本体或引线接头严重过热。

(6) 金属膨胀器异常伸长顶起上盖。

(7) 压力释放装置（防爆片）已冲破。

(8) 末屏开路。

(9) 二次回路开路不能立即恢复时。

(10) 设备的油化试验或 SF_6 气体试验时主要指标超过规定不能继续运行。

(11) 其他根据现场实际认为应紧急停运的情况。

3. 电压互感器紧急停运规定

发现有下列情况之一，运维人员应立即汇报值班调控人员申请将电压互感器停运，停运前应远离设备：

(1) 高压熔断器连续熔断 2 次。

(2) 外绝缘严重裂纹、破损，电压互感器有严重放电，已威胁安全运行时。

(3) 内部有严重异响、异味、冒烟或着火。

(4) 油浸式电压互感器严重漏油，看不到油位。

(5) SF_6 电压互感器严重漏气或气体压力低于厂家规定的最小运行压力值。

(6) 电容式电压互感器电容分压器出现漏油。

(7) 电压互感器本体或引线端子有严重过热。

(8) 膨胀器永久性变形或漏油。

(9) 压力释放装置（防爆片）已冲破。

(10) 电压互感器接地端子 N(X) 开路、二次短路，不能消除。

(11) 设备的油化试验或 SF_6 气体试验时主要指标超过规定不能继续运行。

(12) 其他根据现场实际认为应紧急停运的情况。

6.5.2 电流互感器巡视

1. 例行巡视

(1) 各连接引线及接头无发热、变色迹象，引线无断股、散股。

(2) 外绝缘表面完整，无裂纹、放电痕迹、老化迹象，防污闪涂料完整无脱落。

（3）金属部位无锈蚀，底座、支架、基础无倾斜变形。

（4）无异常振动、异常声响及异味。

（5）底座接地可靠，无锈蚀、脱焊现象，整体无倾斜。

（6）二次接线盒关闭紧密，电缆进出口密封良好。

（7）接地标识、出厂铭牌、设备标识牌、相序标识齐全、清晰。

（8）油浸电流互感器油位指示正常，各部位无渗漏油现象；吸湿器硅胶变色在规定范围内；金属膨胀器无变形，膨胀位置指示正常。

（9）SF_6 电流互感器压力表指示在规定范围，无漏气现象，密度继电器正常，防爆膜无破裂。

（10）干式电流互感器外绝缘表面无粉蚀、开裂，无放电现象，外露铁芯无锈蚀。

（11）原存在的设备缺陷是否有发展趋势。

2. 全面巡视

全面巡视在例行巡视的基础上，增加以下项目：

（1）端子箱内各空气断路器投退正确，二次接线名称齐全，引接线端子无松动、过热、打火现象，接地牢固可靠。

（2）端子箱内孔洞封堵严密，照明完好；电缆标识牌齐全、完整。

（3）端子箱门开启灵活、关闭严密，无变形锈蚀，接地牢固，标识清晰。

（4）端子箱内部清洁，无异常气味，无受潮、凝露现象；驱潮加热装置运行正常，加热器按季节和要求正确投退。

（5）记录并核查 SF_6 气体压力值，应无明显变化。

3. 熄灯巡视

（1）引线、接头无放电、发红、严重电晕迹象。

（2）外绝缘无闪络、放电。

4. 特殊巡视

（1）大负荷运行期间检查接头无发热，本体无异常声响、异味。必要时用红外热像仪检查电流互感器本体、引线接头的发热情况。检查 SF_6 气体压力指示或油位指示正常。

（2）气温骤变时，检查一次引线接头无异常受力，引线接头部位无发热现象；各密封部位无漏气、渗漏油现象，SF_6 气体压力指示及油位指示正常；端子箱内无受潮、凝露。

（3）大风、雷雨、冰雹天气过后，检查导引线无断股迹象，设备上无飘落积存杂物，外绝缘无闪络放电痕迹及破裂现象。

（4）雾霾、大雾、毛毛雨天气时，检查无沿表面闪络和放电，重点监视瓷质污秽部分，必要时夜间熄灯检查。

(5) 高温及严寒天气时，检查油位指示正常，SF_6 气体压力正常。

(6) 覆冰天气时，检查外绝缘覆冰情况及冰凌桥接程度，覆冰厚度不超过 10mm，冰凌桥接长度不宜超过干弧距离的 1/3，放电不超过第二伞裙，不出现中部伞裙放电现象。

(7) 故障范围内的电流互感器重点检查油位、气体压力是否正常，有无喷油、漏气，导线有无烧伤、断股，绝缘子有无闪络、破损等现象。

6.5.3 电压互感器巡视

1. 例行巡视

(1) 外绝缘表面完整，无裂纹、放电痕迹、老化迹象，防污闪涂料完整无脱落。

(2) 各连接引线及接头无松动、发热、变色迹象，引线无断股、散股。

(3) 金属部位无锈蚀；底座、支架、基础牢固，无倾斜变形。

(4) 无异常振动、异常声响及异味。

(5) 接地引下线无锈蚀、松动情况。

(6) 二次接线盒关闭紧密，电缆进出口密封良好；端子箱门关闭良好。

(7) 均压环完整、牢固，无异常可见电晕。

(8) 油浸电压互感器油色、油位指示正常，各部位无渗漏油现象；吸湿器硅胶变色小于 2/3；金属膨胀器膨胀位置指示正常。

(9) SF_6 电压互感器压力表指示在规定范围内，无漏气现象，密度继电器正常，防爆膜无破裂。

(10) 电容式电压互感器的电容分压器及电磁单元无渗漏油。

(11) 干式电压互感器外绝缘表面无粉蚀、开裂、凝露、放电现象，外露铁芯无锈蚀。

(12) 330kV 及以上电容式电压互感器电容分压器各节之间防晕罩连接可靠。

(13) 接地标识、设备铭牌、设备标识牌、相序标识齐全、清晰。

(14) 原存在的设备缺陷是否有发展趋势。

2. 全面巡视

全面巡视在例行巡视的基础上，增加以下项目：

(1) 端子箱内各二次空气断路器、隔离开关、切换把手、熔断器投退正确，二次接线名称齐全，引接线端子无松动、过热、打火现象，接地牢固可靠。

（2）端子箱内孔洞封堵严密，照明完好，电缆标识牌齐全完整。

（3）端子箱门开启灵活、关闭严密，无变形、锈蚀，接地牢固，标识清晰。

（4）端子箱内内部清洁，无异常气味，无受潮凝露现象；驱潮加热装置运行正常，加热器按要求正确投退。

（5）检查 SF_6 密度继电器压力正常，记录 SF_6 气体压力值。

3. 熄灯巡视

（1）引线、接头无放电、发红、严重电晕迹象。

（2）外绝缘套管无闪络、放电。

4. 特殊巡视

（1）气温骤变时，检查引线无异常受力，是否存在断股，接头部位无发热现象；各密封部位无漏气、渗漏油现象，SF_6 气体压力指示及油位指示正常；端子箱无凝露现象。

（2）大风、雷雨、冰雹天气过后，检查导引线无断股、散股迹象，设备上无飘落积存杂物，外绝缘无闪络放电痕迹及破裂现象。

（3）雾霾、大雾、毛毛雨天气时，检查外绝缘无沿表面闪络和放电，重点监视瓷质污秽部分，必要时夜间熄灯检查。

（4）高温天气时，检查油位指示正常，SF_6 气体压力应正常。

（5）覆冰天气时，检查外绝缘覆冰情况及冰凌桥接程度，覆冰厚度不超过 10mm，冰凌桥接长度不宜超过干弧距离的 1/3，放电不超过第二伞裙，不出现中部伞裙放电现象。

（6）大雪天气时，应根据接头部位积雪融化迹象检查是否发热，及时清除导引线上的积雪和形成的冰柱。

（7）故障范围内的电压互感器重点检查导线有无烧伤、断股，油位、油色、气体压力等是否正常，有无喷油、漏气异常情况等，绝缘子有无污闪、破损现象。

6.5.4 互感器维护

1. 互感器红外检测

（1）精确检测周期：1000kV 为 1 周，省评价中心 3 个月；330～750kV 为 1 个月；220kV 为 3 个月；110(66)kV 为半年；35kV 及以下为 1 个年。新投运为 1 周内（但应超过 24h）。

（2）检测范围：本体、引线、接头、二次回路。

2. 电压互感器高压熔断器更换

（1）运行中电压互感器高压熔断器熔断时，应立即停电进行更换。

（2）高压熔断器的更换应在电压互感器停电并做好安全措施后方可进行，并注意二次电压消失对继电保护、自动装置的影响，采取相应的措施，防止误动、拒动。

（3）更换前，应核对高压熔断器型号、技术参数与被更换的一致，并验证其良好。

（4）更换前，应检查电压互感器无异常。

（5）带撞击器的高压熔断器更换时，应注意其安装方向正确。

（6）更换完毕送电后，应立即检查相应电压情况。

（7）高压熔断器连续熔断 2 次，汇报值班调控人员，申请停运，由检修人员对电压互感器检查试验合格后，方能对电压互感器送电。

3. 电压互感器二次熔断器、二次空气断路器更换

（1）运行中电压互感器二次回路熔断器熔断、二次空气断路器损坏时，应立即进行更换，并注意二次电压消失对继电保护、自动装置的影响，采取相应的措施，防止误动、拒动。

（2）更换前应做好安全措施，防止二次回路短路或接地。

（3）更换时，应采用型号、技术参数一致的备品。

（4）更换后，应立即检查相应的电压指示，确认电压互感器二次回路是否恢复正常，若存在异常，按照缺陷流程处理。

4. 互感器小修项目

（1）清理外部灰尘及油垢。

（2）检查清理瓷套管。

（3）检查一、二次连接线。

（4）检查各部位螺钉。

（5）检查接地线。

（6）测量绝缘电阻。

（7）必要时进行绝缘油耐压试验和交流耐压试验。

5. 互感器大修项目

（1）拆卸螺钉及附件，取出芯子。

（2）拆卸旧绝缘及线圈。

（3）对互感器硅钢片铁芯进行检查、清理和维护。

（4）更换一次线圈和二次线圈。

（5）更换绝缘垫及其零件。

（6）按电气设备交接和预防性试验规程项目进行各项试验。

7 变压器二次回路与运行维护

7.1 变压器的基本概念

7.1.1 变压器基本概述

变压器是电力系统中最重要的一次设备之一，电力系统中主变压器的主要作用是升高或降低电压，以提升功率传输效率。

发电厂出线经过升压变压器后，可以降低线路损耗，提高输电经济性，从而实现远距离输电，例如西电东送工程、云电送粤工程、云电外送工程，以及交流500、800kV输电，直流±800、±1000kV输电。

高压电到达各变电站后通过降压变压器（终端变电站、配电所等）层层降压最终变换为用户所需的电压等级，以满足用户用电需求。

1. 变压器基本结构

主变压器的主要构成部分是铁芯和绕在铁芯上的两个或两个以上的绝缘绕组。为提高各绕组间的绝缘性能，以及增强铁芯和绕组的散热效果，铁芯和绕组均被放置于变压器油箱里。各绕组上套有绝缘套管，通过套管将绕组引到变压器箱体的外面。变压器基本结构及外观如图7-1和图7-2所示。

为提高空压器容量，变压器上还加装有专用的风冷装置，为变压器降温。大型电力变压器一般是三相三芯柱式变压器或三相组合式变压器。

2. 变压器绕组接线方式

将变压器一侧三个绕组按某种方式连接起来，构成某一联结组别。双绕组变压器的联结组别一般包括YNy、YNd、Dd和Dd-d四种组别，超高压变压器一般采用YNd联结组别。

在超高压系统中，YNd接线的变压器，YN绕组为高压侧绕组，d绕组

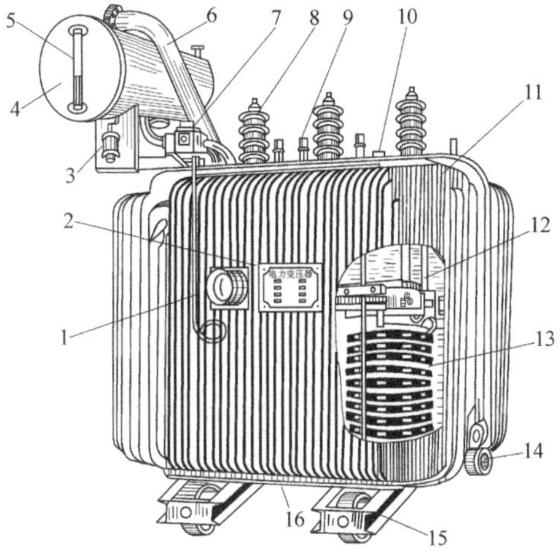

图 7-1　变压器结构示意图

1—信号温度计；2—铭牌；3—吸湿器；4—油枕（储油柜）；
5—油位指示器；6—防爆管；7—瓦斯继电器；8—高压套管；
9—低压套管；10—分接开关；11—油箱及散热油管；12—铁芯；
13—绕组及绝缘；14—放油阀；15—小车；16—接地端子

图 7-2　变压器外观图

为低压侧绕组，YN 绕组为大电流接地系统中性点直接接地，d 绕组为小电流接地系统中性点不接地或经消弧线圈接地。实际中运行的变压器多为 YNd11 方式。

以 Yd11 联结组别为例，如图 7-3 所示，高压绕组接成星形（Y），低压绕组接成三角形（d）。低压侧线电压（线电流）分别滞后高压侧线电压（线电流）330°，对应时钟的 11 点，因此又称 11 点接线。

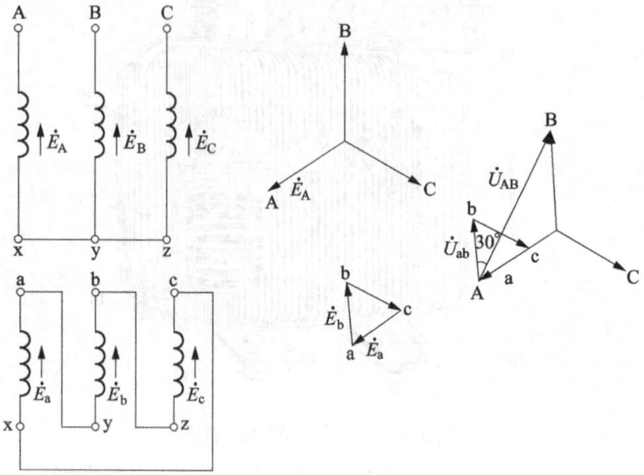

图 7-3　Yd11 联结组别

7.1.2　变压器保护配置

变压器短路故障会产生很大的短路电流，会导致主变压器内部发热，严重时甚至会烧坏主变压器铁芯或绕组。尤其是位于主变压器油箱内部的短路故障，短路电流产生的电弧可能引起变压器起火。另外，变压器内外部故障短路电流还能产生电动力，造成本体、绕组变形，损坏变压器。因此，需要对变压器配置完善的保护功能。

1. 主保护

主保护的作用是反应变压器的故障状态。它主要包括差动保护、重瓦斯保护和压力释放保护。另外，根据变压器的电压等级、容量和结构等特点，还可以为其配置零序差动保护和分侧差动保护。

2. 后备保护

后备保护的作用是反应变压器的异常工作状态，后备保护动作会上送告警信号，或者延时跳闸。

(1) 短路故障时的后备保护：复压闭锁方向过电流保护、中阻抗保护、零序过电流保护等。

(2) 异常运行时的后备保护：轻瓦斯保护、过励磁保护、过负荷保护、中性点间隙保护、油位油温和冷却器故障保护等。

7.2 变压器电气量回路

7.2.1 电流回路

1. 保护 TA 绕组配置

如图 7-4 所示，主变压器保护 A、B 的交流电流应分别取自 TA 的不同绕

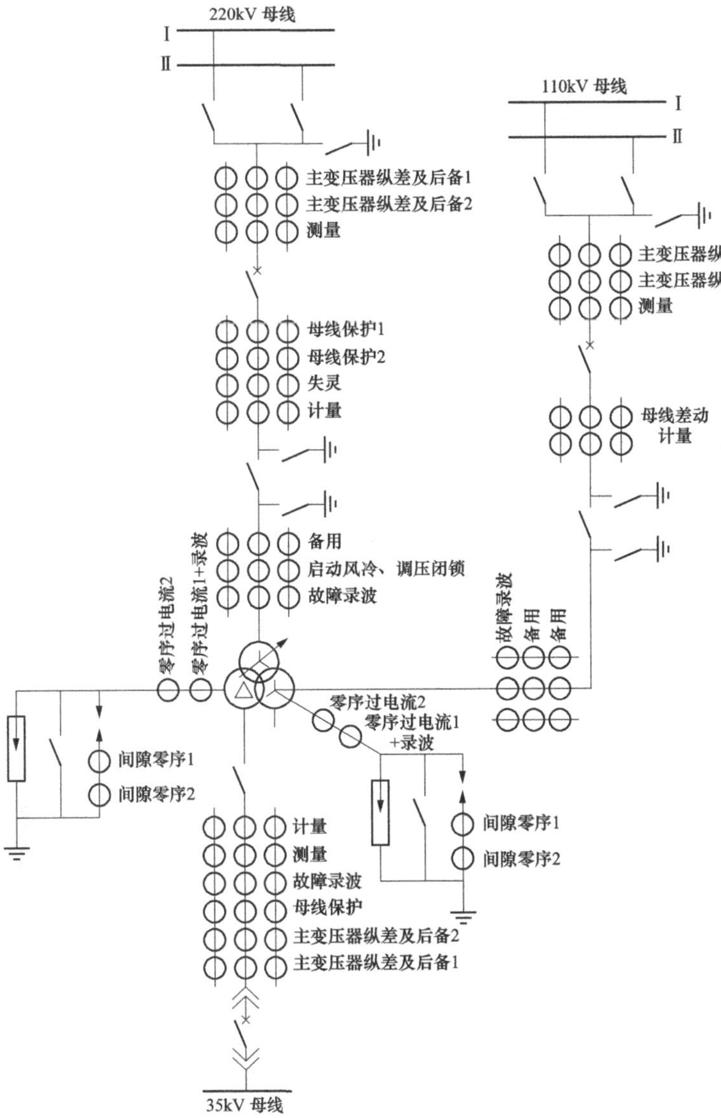

图 7-4 变压器保护用电流互感器二次绕组分配图

组，一般采用 5P 级绕组。

TA 二次绕组应合理配置，以保证主保护的保护范围最大化。为防止动作死区存在，相邻两个设备间的保护动作范围应交叉重叠，另外还应避免其中一套保护改停用的情况下出现的保护动作死区。

主变压器保护一般要求各侧 TA 同名端在母线侧。TA 二次绕组出线统一采用在极性端标识 S1。对于 220kV 变压器中性点套管零序 TA、保护及间隙零序 TA，P1 端朝向变压器。

2. 主变压器零序套管 TA、间隙 TA 配置

(1) 主变压器零序套管 TA。零序套管 TA 采集本侧零序电流，用于主变压器零序过电流保护，由主变压器本体端子箱送到高、中后备保护装置。

(2) 主变压器间隙 TA。间隙 TA 用于主变压器间隙保护，同样由主变压器本体端子箱送到主变压器保护装置。

7.2.2 电压回路

主变压器高压侧若配置三相电压互感器（TV），高压侧电压将直接取自该 TV 的保护二次绕组；如未配置则经母线电压并列切换后接入。主变压器中压侧若配置三相电压互感器，中压侧电压将直接取自该 TV 的保护二次绕组；如未配置则经母线电压并列切换后接入。低压侧主接线一般是固定式连接方式，根据变压器所在母线引入对应的母线电压。

电压回路图如图 7-5 所示。

7.2.3 控制信号回路

主变压器非电量保护装置采集信号均取自主变压器本体，主要包括本体重瓦斯动作、压力释放动作、本体轻瓦斯动作、本体油位异常动作、绕组油温过高跳闸、绕组油温高、冷控装置失电等，由压板控制是否发信或者跳闸，如图 7-6 所示。

主变压器油温计一般采集主变压器两侧油温及绕组油温，一般输出铂电阻至温度变送器转换成电压电流模拟量，再上送至测控装置，如图 7-7 所示。也有主变压器油温计可直接输出电流模拟量。

7.2.4 主变压器失灵启动回路

1. 主变压器失灵启动回路（“四统一”标准）

在主变压器保护 C 屏上增加失灵电流判别装置（也可由非电量保护来实现），该装置输出两副触点，分别用于启动母线保护失灵和解除母线保护失灵

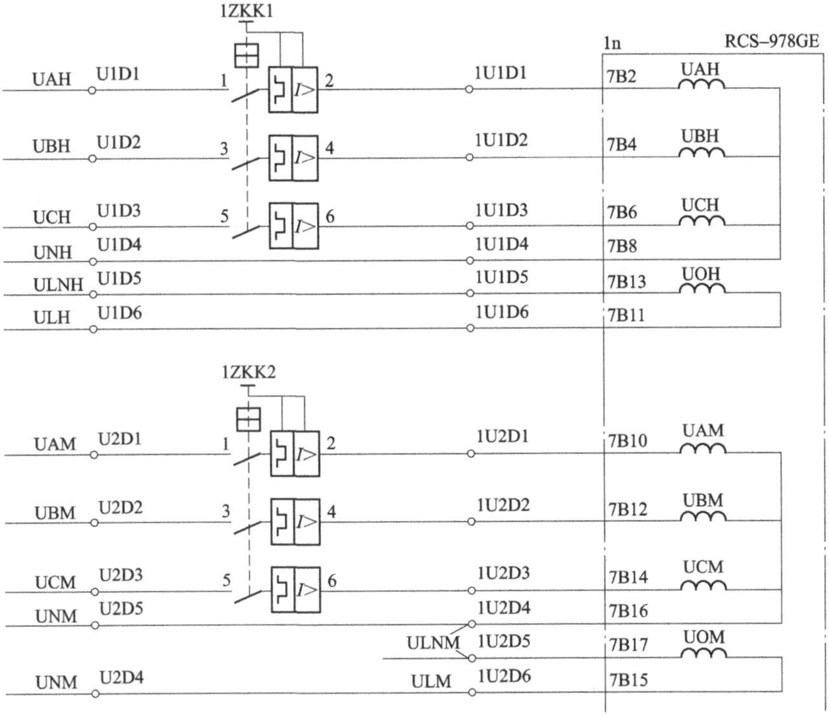

图 7-5　电压回路图

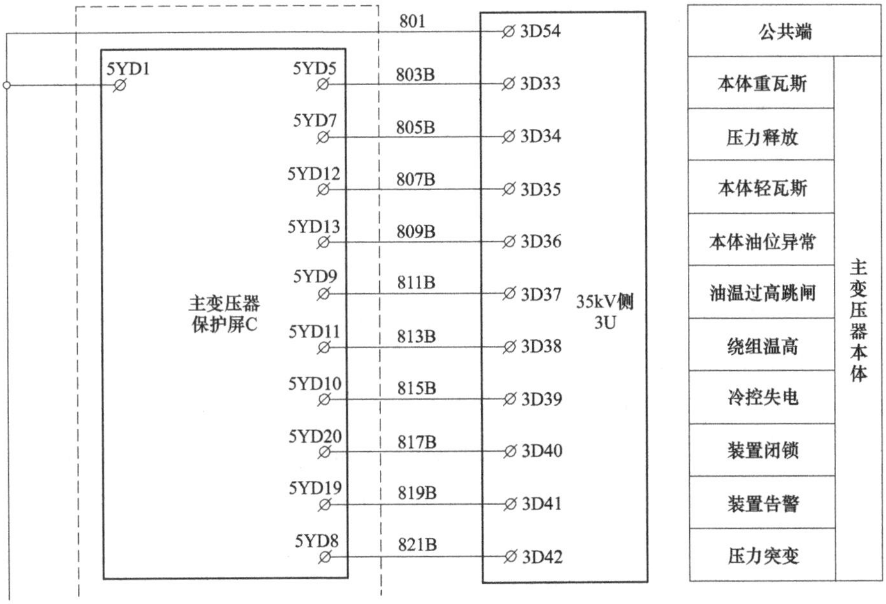

图 7-6　本体信号回路图

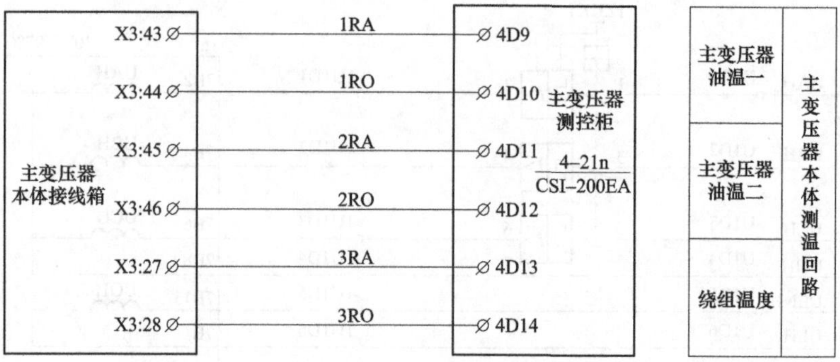

图 7-7　本体测温回路图

复压闭锁；主变压器保护 A、B 各提供两副出口触点，一副触点并接用于启动失灵电流判别装置，另一副触点先并接后串接在启动失灵回路中，如图 7-8 所示。

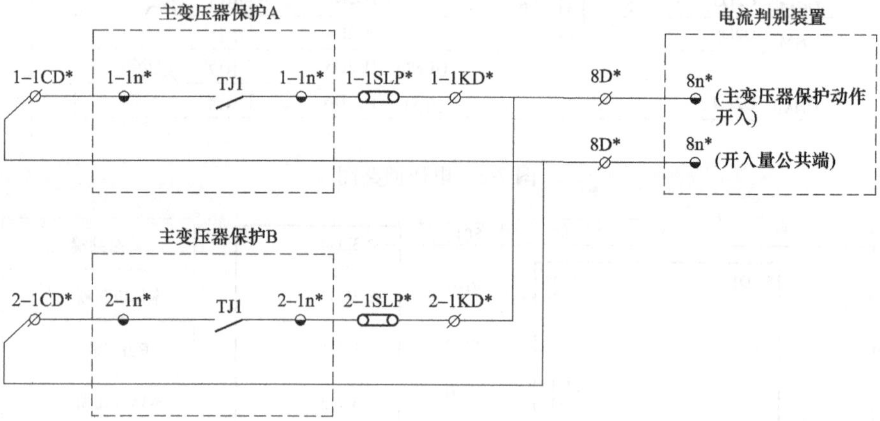

图 7-8　主变压器失灵启动回路

220kV 失灵保护一般带有复压闭锁元件，在系统处于正常运行状态时，即使失灵启动有开入，相电流判据也满足，但复压闭锁元件不开放，此时能有效防止误动。考虑到低压侧出现故障时可能导致高压侧断路器失灵的情形，主变压器高压侧母线复压闭锁元件的灵敏度可能不足。为避免出现此种情况时断路器失灵保护拒动，回路中设置了独立于失灵启动回路的解复压闭锁开入，如图 7-9 所示。

2. 主变压器失灵启动回路（“六统一”标准）

两套主变压器保护对应启动一套失灵保护，失灵电流的判别逻辑是依靠母线保护来实现。主变压器保护的一副动作触点接至母线保护对应的该主变

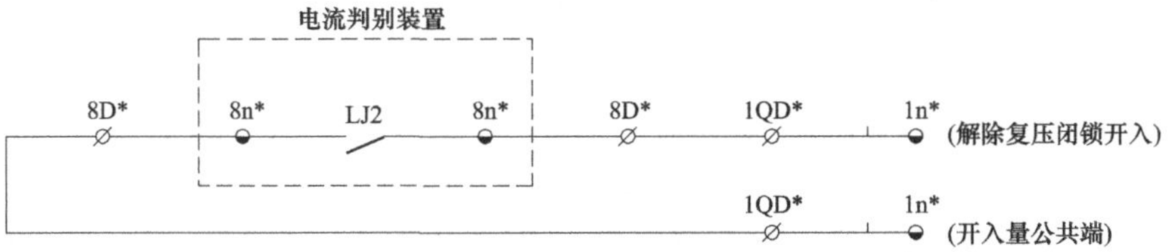

图 7-9　主变压器解复压回路

压器间隔“三相跳闸启动失灵”开入，另一副同时接入母线保护对应的主变压器间隔的“解除复压闭锁”开入，如图 7-10、图 7-11 所示。

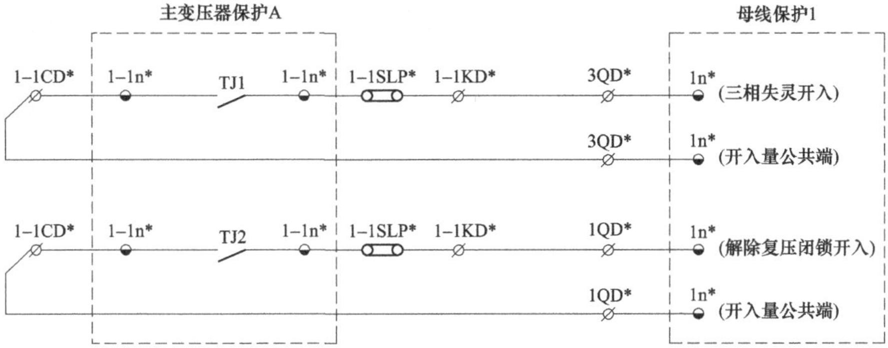

图 7-10　主变压器保护 A 失灵启动回路

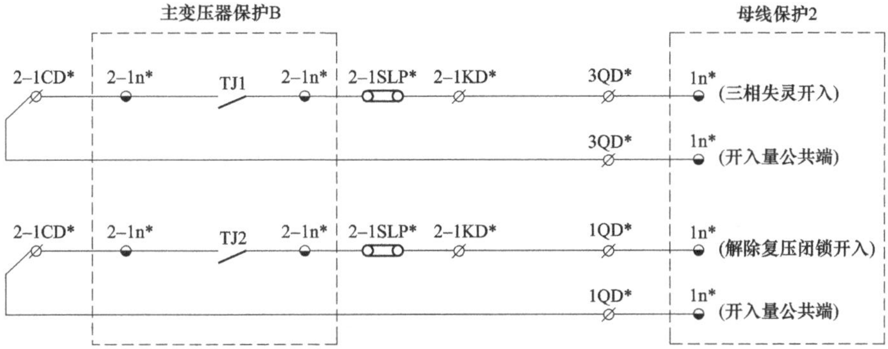

图 7-11　主变压器保护 B 失灵启动回路

7.2.5　主变压器高压侧开关失灵联跳回路

当 220kV 母线故障但主变压器 220kV 断路器同时失灵拒动时，110kV 侧系统电源通过该 220kV 主变压器中压侧向故障点提供很大的短路电流，如果靠后备保护切除主变压器各侧断路器，主变压器可能因受短路电流冲击而损坏，也可能是相邻的主变压器后备保护因达到动作定值而动作并切除主变压器各侧，扩大了事故范围。

失灵联跳有两种实现方式：

(1) 失灵保护提供的联跳触点通过主变压器的非电量保护进行重动，再通过非电量保护出口跳主变压器三侧断路器。重动继电器还应满足抗干扰要求。

(2) 失灵保护提供联跳触点作为主变压器保护的开入，主变压器保护依靠灵敏且不需整定的电流元件启动，带 50ms 延时后跳主变压器三侧断路器。

图 7-12 中，1S13LP 为母线差动保护失灵联跳出口压板。失灵联跳回路由母线差动保护的失灵联跳触点、主变压器保护的失灵联跳继电器构成。当母线差动保护的失灵联跳触点动作时，正电通过该触点、1S13LP 向主变压器保护提供正电开入，然后主变压器保护内部失灵联跳继电器励磁，辅助触点闭合。

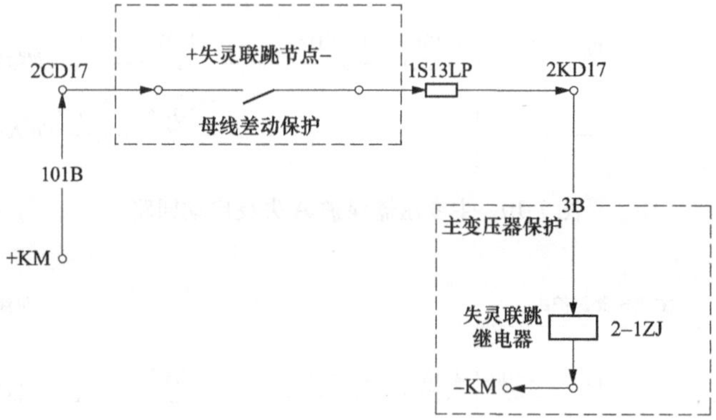

图 7-12　主变压器失灵联跳回路

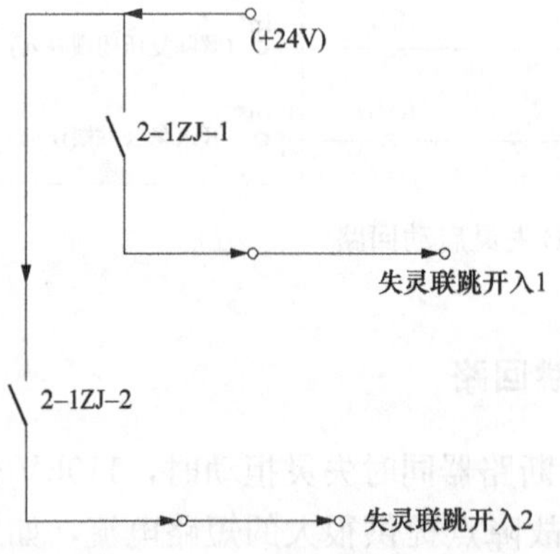

图 7-13　失灵联跳开入逻辑

如图 7-13 所示，2-1ZJ 的辅助触点 2-1ZJ-1、2-1ZJ-2 同时闭合后，主变压器保护同时接收到两个失灵联跳开入，主变压器保护对其取“与”运算逻辑，再与高压侧电流判别条件进行“与”逻辑运算。如果条件满足，经一定延时跳开主变压器各侧断路器。

为防止失灵联跳误出口，装置还具备失灵联跳告警功能。图 7-13 中“失灵联跳开入 1”“失灵联跳开入 2”，如果至少有一个为 1 且 10s 内未出口，此时失灵联跳开入异常，主变压器保护装置告警，闭锁失灵联跳。

7.2.6　主变压器有载调压

电能传输产生的损耗在额定电压附近时损耗值最小。有载调压可保持变电站母线电压处于合格幅值，使各电气设备均运行在额定电压状态，是最经济合理的做法。进行有载调压，可保证电压合格率，以满足生活及工业用电需求。

有载调压装置在调挡过程中经过一个过渡电阻，不会导致短时断开，切换挡位时不存在拉弧过程，其基本结构如图 7-14 所示。有载调压装置主要用在对电压要求较高且调挡频繁的主变压器。有载调压的方式包括电动调压和手动调压两种。

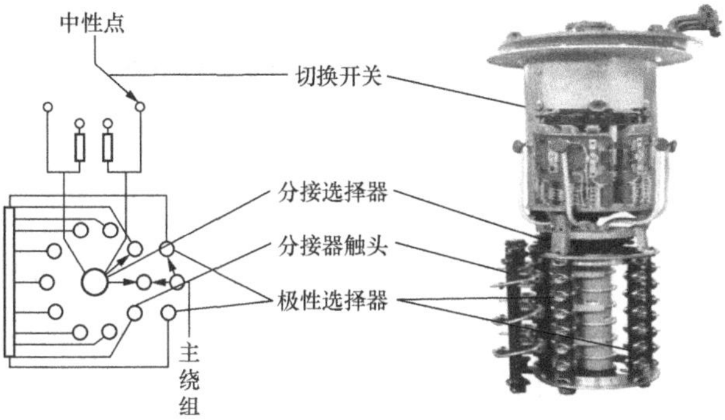

图 7-14　有载调压装置

调压时经过过渡电阻，可实现有载开关调压过程的无缝连接，具体过程如图 7-15～图 7-18 所示。

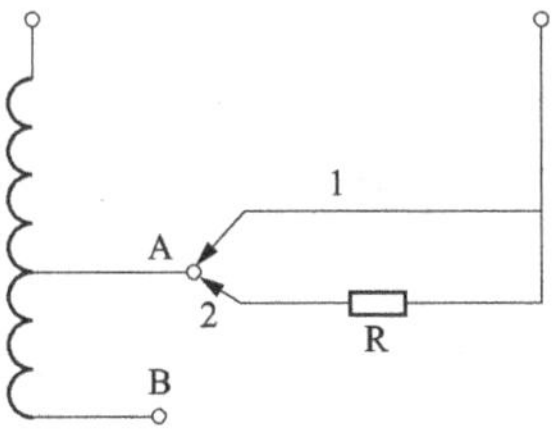

图 7-15　调压过程示意图 1

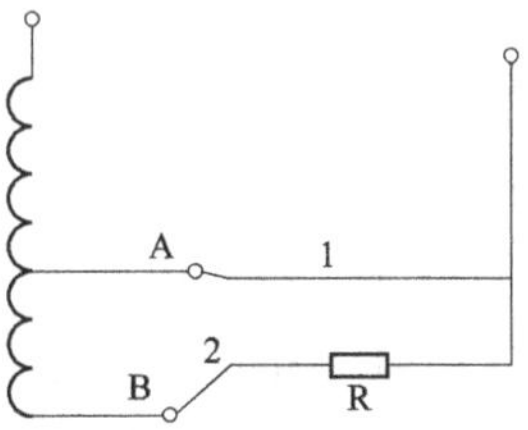

图 7-16　调压过程示意图 2

图 7-15 中分接开关触点 1、2 都和分接头 A 处接触，负载电流由分接头 A 处输出。

图 7-16 中触点 2 已切换到分接头 B 处，这时负载电流仍从分接头 A 处输

出，电阻 R 可限制循环电流。

图 7-17 中触点 1 已切换到中间位置，负载电流由分接头 B 处经触点 2 输出。

图 7-18 中触点 1 已切换到分接头 B 处，从而完成整个切换过程。

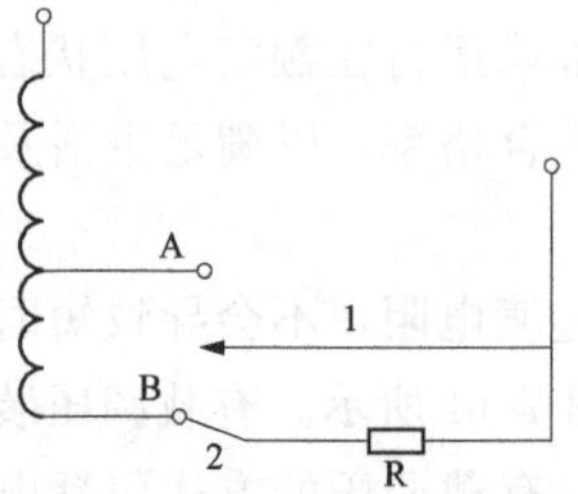

图 7-17　调压过程示意图 3

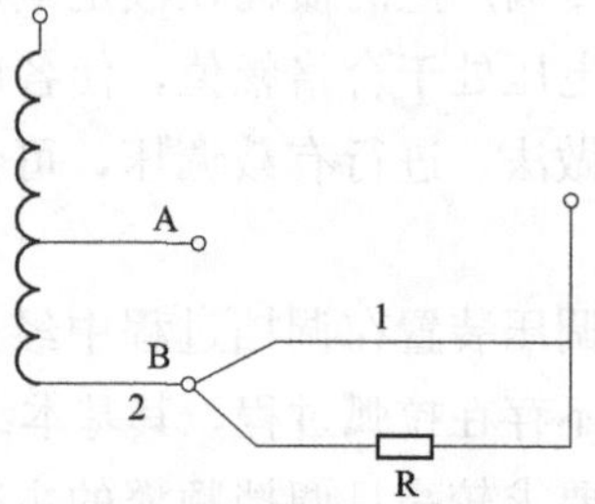

图 7-18　调压过程示意图 4

7.3　变压器非电气量回路

7.3.1　非电量保护配置

非电量保护主要由主变压器的油位、气压、温度等非电气量参数构成，它可分为瓦斯保护、压力保护、油温保护、油位异常保护及冷却器全停保护等。非电量保护主要动作于跳闸或发出信号。

1. 瓦斯保护

变压器内部故障时，短路电流和短路点电弧会让变压器内部产生大量气体，油流速度加快，瓦斯保护就是利用气体和油流这两个变化特点来实现。

轻瓦斯保护：变压器内部发生异常，局部温度升高导致局部油膨胀产生气泡进入气体继电器，最终轻瓦斯保护动作。

重瓦斯保护：变压器油箱内部出现严重故障时，故障电流产生的电弧会分解变压器油，产生的大量气体和油流，冲击挡板，使重瓦斯保护动作并出口跳闸。重瓦斯保护是变压器内部故障的主保护。当变压器内部发生少数匝间短路时，故障电流很大，但由于差动保护中产生的差流不大，差动保护可能不会动作，此时就需要依靠重瓦斯保护动作来切除故障。

2. 压力保护

压力保护也是变压器内部故障的主保护，用于反应变压器油的压力变化，包括压力释放保护及压力突变保护。

压力保护原理：压力继电器由弹簧和触点构成，位于主变压器油箱的上部。主变压器发生内部故障时，油温升高使油膨胀导致油压升高，造成弹簧动作，最终使继电器动合触点动作。

3. 温度及油位保护

当变压器温度升高达到预警值，油温保护会发出告警信号，备用冷却风机启动。一般情况下，主变压器油温升高至65℃告警并启动风机、85℃告警、90℃油温过高跳闸，绕组油温达100℃时油温过高跳闸。

当变压器因漏油或其他原因导致油位降低时，油位异常继电器动作并发出告警信号。

4. 冷却器全停保护

当运行中的变压器冷却器出现问题全部停止时，变压器温度会不断升高，不马上处理会损坏变压器绕组间的绝缘性能。因此，冷却器全停保护会告警，并经过长延时再切除变压器。

7.3.2 非电气量保护回路

非电量保护是通过二次回路和保护装置中的继电器实现，不经过保护逻辑运算，通过电缆直接跳闸，操作箱回路图如图7-19和图7-20所示。

主变压器本体的重瓦斯、油温高、压力释放继电器的辅助触点通过电缆直接接入非电量保护。继电器动作会启动相应的信号继电器（XJ）和中间继电器（J）。信号继电器动合触点闭合后会自保持，返回需要开入高电平，此时需要按下信号复归按钮才能复归继电器。中间继电器动作会启动中间继电器回路。一般只有重瓦斯保护投跳闸，其余均只动作于发信号。非电量跳闸不启动失灵，它直接接至操作箱TJF开入。

7.3.3 主变压器本体其他二次回路

主变压器本体端子箱汇集了主变压器本体上各种继电器、油温表、油位表、套管TA、风机等设备的二次回路，按功能可分为以下几类。

1. 主变压器本体各类遥信

本体油温高、本体油温过高、绕组油温高、绕组油温过高、有载油温高、有载油温过高等。

本体油位高、本体油位低（一般将油位高、油位低并接，称为油位异常）、有载油位高、有载油位低。

本体轻瓦斯告警、有载轻瓦斯告警；本体重瓦斯告警、有载重瓦斯告警；本体压力释放、有载压力释放；风机启动、风机故障、风机电源失电等遥信。

上述信号继电器提供的辅助触点接至主变压器本体测控装置。

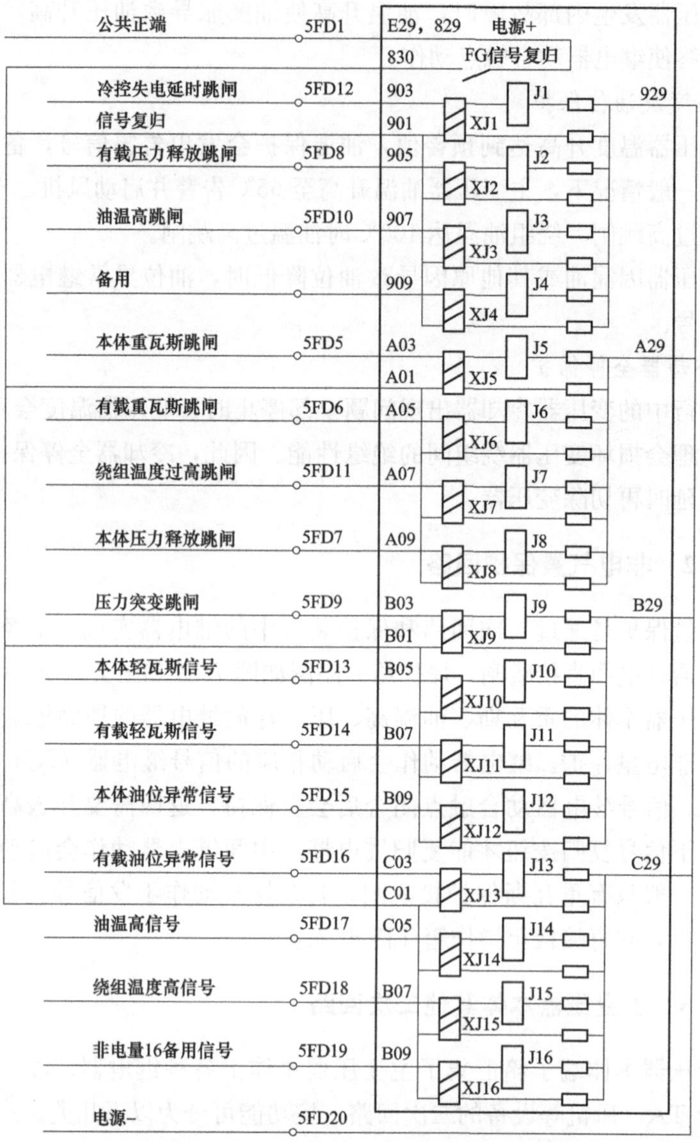

图 7-19 非电量保护回路 1

2. 主变压器本体温度遥测

主变压器油温一般包括主变压器本体油温、绕组油温，以及主变压器有载油温。

油温一般由 PT100 提供铂电阻，由主变压器本体端子箱送至测控上温度变送器。主变压器测控通过送至温度变送器采集电压/电流输出，转换成温度数值后上送至后台及监控。

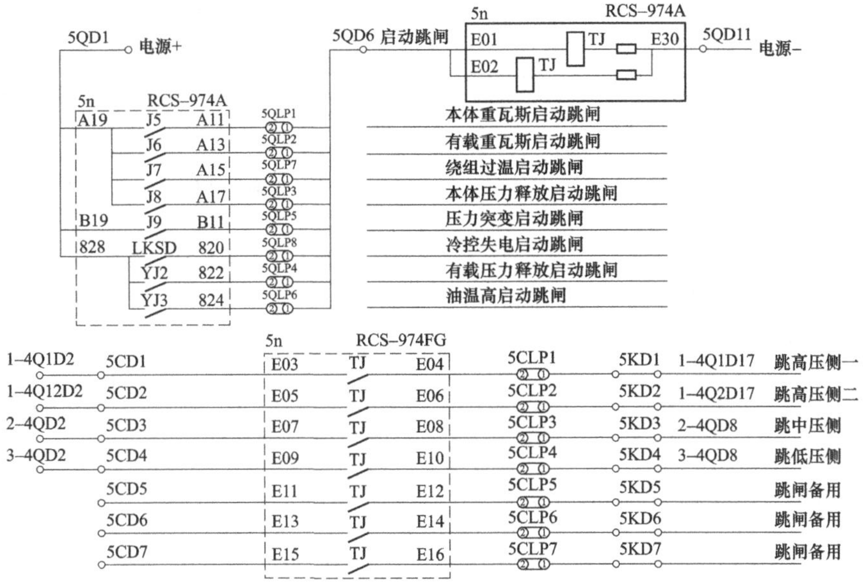

图 7-20　非电量保护回路 2

3. 主变压器冷却系统控制回路

由主变压器后备保护来控制主变压器风机启动。风机启动回路由主变压器本体端子箱到主变压器后备保护之间串接启动风冷的触点和压板，实现风机的启动控制。

变压器冷却系统如图 7-21 所示，冷却器的作用是当主变压器上层和下层之间的油温产生温差时，形成对流，然后经过冷却器对其冷却后重新流到油箱中，从而降低主变压器的运行温度。其控制回路如图 7-22 所示。

图 7-21　变压器冷却系统

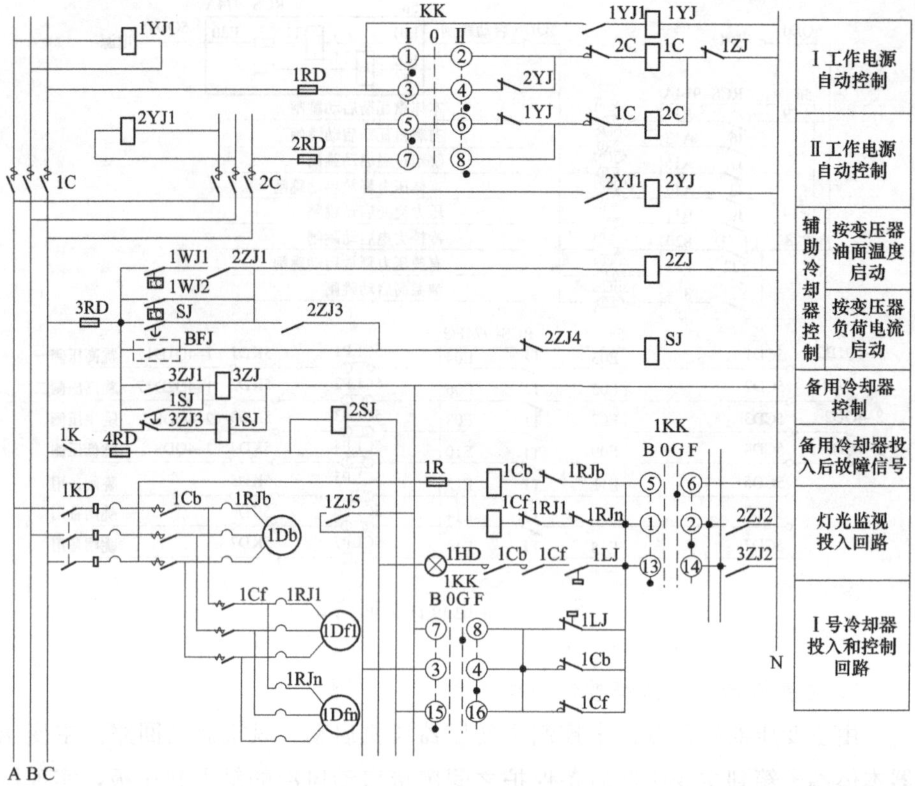

图 7-22 风冷自动控制回路

其信号回路图如图 7-23 所示。

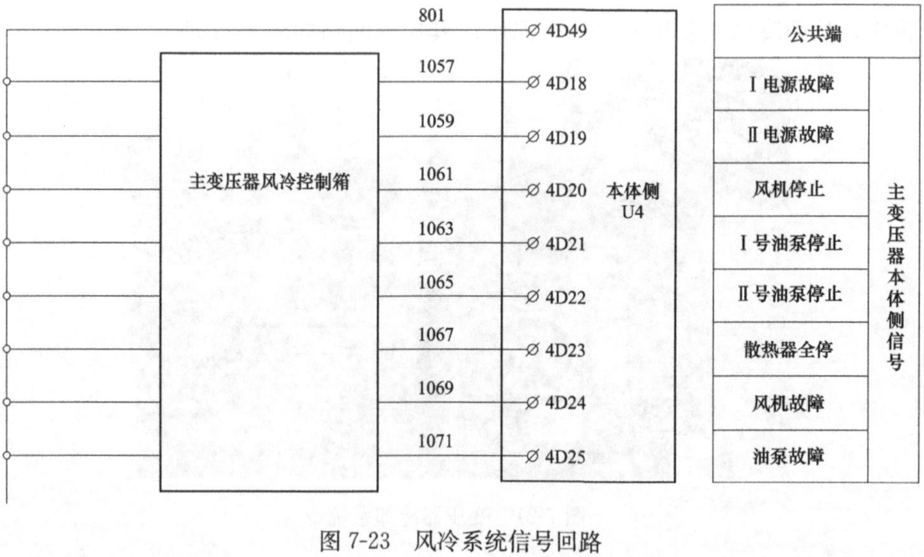

图 7-23 风冷系统信号回路

7.4 变压器常见异常处置方法

主变压器是变电站里最重要的一次设备之一，运行可靠性较高，一般很少出现故障。大部分主变压器一般安装在户外，由于运行时产生的负荷电流以及短路故障时出现的故障电流的影响，也会不可避免地出现各类故障和异常现象。

7.4.1 变压器的故障及异常

1. 变压器的故障

依据故障点的位置对主变压器故障进行分类，可以分为主变压器油箱内故障、主变压器油箱外故障。

油箱内故障是指产生于箱壳内部的故障，分为相间短路故障、单相绕组的匝间短路故障、绕组与铁芯间的短路故障、绕组的断线故障等。

油箱外故障是指主变压器外部引出线之间的故障，如引出线绝缘套管闪络、相间短路故障，以及箱壳处的单相接地故障等。

2. 变压器的异常

主变压器的异常现象一般分为油面降低、主变压器过负荷，以及外部短路引起的过电流等，还有主变压器油温过高、主变压器绕组温度过高、主变压器压力过高、主变压器冷却器故障等。当主变压器出现异常时，会发出告警信号。

7.4.2 常见异常现象及处置方法

主变压器与二次相关的常见异常主要有油温异常、冷却器故障、主变压器隔离开关不能操作、直流接地、调挡失败、非电量继电器异常动作等，如表 7-1 所示。

表 7-1　　　　变压器常见异常处置方法

序号	异常现象	处置方法
1	某一油温表温度错误	油温表故障
2	后台油温显示与现场不一致	（1）测控上油温变送器故障，导致铂电阻经变送器转换后输出不对。 （2）测控装置某一路直流采样通道故障，需将接线更换至备用直流采样通道。 （3）不同型号变送器输出范围不同，可能是后台直流偏移量设置不对。 （4）对于直接输出毫安级电流的油温计，可能是油温计输出不准，可对其进行较零调整

续表

序号	异常现象	处置方法
3	冷却器故障	(1) 检查冷却器的工作电源是否处于正常状态，冷却器备用电源电压是否正常。如工作电源失电，应迅速切换至备用电源。 (2) 检查冷却器控制箱各负荷开关、接触器、熔断器、热继电器等是否工作正常
4	主变压器隔离开关不能操作	(1) 检查闭锁主变压器隔离开关回路是否接通。 (2) 如果不通，检查闭锁回路采集的三侧主变压器隔离开关辅助触点是否正常，闭锁回路接线是否正常
5	直流接地	(1) 主变压器本体非电量继电器（如油位异常继电器辅助触点）因雨天浸水导致遥信回路直流接地。 (2) 主变压器中性点接地开关机构因雨天浸水，其隔离开关辅助触点导致遥信回路直流接地
6	遥控调挡失败	(1) 检查本体端子箱里切至就地后是否能正常调挡。 (2) 如果能正常调挡，大概率是测控调挡二次回路接线存在问题，应结合图纸进行排查
7	户外变压器的气体继电器（本体、有载）、压力释放阀、温度计防水措施不到位	检查户外主变压器的气体继电器（包括本体和有载）、压力释放阀、温度计等均应装有防雨罩，继电器的本体和二次电缆的进线处应当被遮住。二次电缆进线应采用格兰头（又称电缆防水接头）进行密封，或采用封堵材料有效封堵
8	非电量保护引出电缆高于电缆出线盒，电缆护套低点没设滴水孔	检查非电量保护引出电缆应低于电缆出线盒，电缆护套低点应设滴水孔
9	冷却系统全停保护未串接油面温度触点	查阅主变压器冷却器全停保护图纸
10	无自冷能力的强迫油循环变压器，冷却器油泵启动延时设置不当	核查无自冷能力的强迫油循环变压器各组冷却器油泵的启动顺序
11	主变压器本体瓦斯保护信号回路和跳闸回路交叉	核查并传动验证回路
12	非电量保护跳闸重动继电器启动功率小于5W，动作电压小于55%额定电压	进行试验确认

7.5 变压器运行维护

7.5.1 变压器巡视

1. 变压器的日常巡视

对于安装在变电站或发电厂内的变压器，应根据现场实际来决定变压器日常巡视的检查周期，日常巡视通常应包括以下几个内容：

(1) 油浸式变压器的温度计和油温应正常，其储油柜的油位应与温度曲线相对应，各部件应无渗、漏油。

(2) 变压器的套管油位应正常，套管外部应无破损和裂纹，无严重油污，无放电迹象和其他异常现象；当套管出线渗、漏油时，应及时处理，以防套管内部受潮损坏。

(3) 变压器的各冷却器触摸手感温度应相近，其风扇、油泵应运转正常，油流继电器应正常工作。

(4) 变压器正常运行时声响应均匀、正常。

(5) 各引线接头、电缆等应无发热痕迹。

(6) 吸湿器应完好，其吸附剂应干燥。

(7) 有载分接开关的在线滤油装置及电源指示应正常。

(8) 有载分接开关挡位及其电源应指示正常。

(9) 压力释放器、防爆膜和安全气道应完好无损。

(10) 气体继电器正常情况时应无气体。

(11) 各控制箱及机构箱、二次端子箱应关闭严实，无受潮迹象，温控装置应正常工作。

(12) 各部件的接地应完好。

(13) 强油循环冷却器的变压器应按周期进行冷却器自动切换试验。

(14) 各种标识应齐全完好。

(15) 消防设施应齐全完好。

2. 变压器的特殊巡视

出现下列情况时应对变压器进行特殊巡视，同时需增加巡视次数：

(1) 新设备或者经过检修、改造的变压器在投运之后的72h内。

(2) 设备出现严重及以上缺陷时。

(3) 气象突变（如遭遇大雾、大风、冰雹、大雪、寒潮等）时。

(4) 在雷雨季节时，尤其是雷雨后。

(5) 在高温季节与负载高峰期间。

(6) 变压器处于急救负载运行时。

7.5.2 变压器的运行规定

(1) 变压器的运行电压，一般不应高于其运行分接开关额定电压的105%。

(2) 变压器的顶层油温一般不宜经常超过85℃，当变压器的顶层油温超过发信整定值80℃时，或者变压器的绕组温度超过发信整定值90℃时，应立即汇报。

(3) 新安装、进行大修、事故检修或者换油之后的220kV变压器，在施加电压前静止时间应不少于48h。

(4) 当变压器进入事故过负荷运行状态时，该变压器的所有冷却器，包括备用冷却器应自动或手动投入，运行人员应密切关注变压器顶层油温，一般不能超过95℃，最高不得超过100℃。

(5) 变压器恢复正常负荷运行后，应尽快安排油色谱试验，以检查变压器过负荷运行后设备的安全情况。

(6) 当变压器出现绝缘异常、油色谱试验数据异常、冷却系统故障及其他影响变压器过负荷能力的缺陷时，该变压器不允许过负荷运行。

(7) 当系统出现“$N-1$”的事故情况，变压器处于过负荷运行时，调度部门需在限额表规定时间内将变压器所带负荷控制在额定负荷内。

注：电网“$N-1$”原则指正常运行方式下的电力系统N个元件中任一独立元件（如线路、发电机、变压器、直流单极等）无故障或因故障断开，电力系统应能保持稳定运行和正常供电，其他元件不过负荷，电压和频率均在允许范围内。

7.5.3 保护装置的运行维护

1. 瓦斯保护的运行规定

(1) 瓦斯保护作为变压器的内部保护，重瓦斯保护正常时应投跳闸位置。

(2) 变压器在运行中，瓦斯保护与差动保护不得同时停用，特殊情况则由调度和上级领导考虑规定。

(3) 新装变压器或检修后的变压器，在投运冲击正常及保护带负荷试验后，应将重瓦斯投入信号位置，试运24h后，并多次对气体继电器残余气体放气，在确无气体而处于稳定状态时，方可将重瓦斯投入跳闸位置。

(4) 变压器在运行中补油、滤油、更换净油器的吸附剂、更换潜油泵及油位异常升高或呼吸系统出现异常现象，需打开放气或者放油阀门时，应征得调度人员同意后，先将重瓦斯由跳闸改信号后才能工作，工作结束后，经24h运行并多次进行气体继电器内的残余气体的释放工作，确认确无气体存在时方可将重瓦斯投入跳闸位置。

（5）在预报可能有地震期间，应结合变压器具体情况及其气体继电器的抗震性能，决定重瓦斯的运行方式。由于地震造成重瓦斯保护动作而停运的变压器，在变压器投运之前应对变压器本体及其瓦斯保护进行检查与试验，确认无异常后方可投入运行。

2. 压力释放阀的运行规定

（1）变压器正常运行时，压力释放阀触点接释压保护的信号回路，下列情况下应接跳闸回路：

1）新装或大修后的变压器投产冲击合闸时。

2）变压器出现较严重缺陷（例如局部过热、变压器油中溶解的气体分析结果出现异常等）或绝缘存在弱点时。

（2）采取有效措施防潮、防积水。

（3）运行中的压力释放阀动作后，应将释放阀机械电气信号进行手动复位。

3. 气体继电器的运行规定

（1）变压器正常运行时，其气体继电器的两副触点，彼此之间应满足完全电气隔离的要求。其中一套为轻瓦斯报警作用，另一套作用于重瓦斯跳闸。

（2）变压器正常运行时，若需进行补油、滤油、更换潜油泵，需将重瓦斯保护由跳闸改为信号，其他的保护装置此时仍应为跳闸位置。

（3）运行中的气体继电器，应每隔1～2年时间进行气体继电器动作可靠性和内部结构检查。

7.5.4 变压器的运维一体化项目

1. 变压器的硅胶更换

（1）变压器硅胶的工作原理及存储要求如下：

1）变压器呼吸器一般使用蓝色硅胶，外观呈半透明颗粒玻璃状，作为吸湿剂不仅起吸湿作用，且颜色随吸湿量增大由蓝色变为粉色，当变色达到硅胶总量的2/3时，应及时更换。

2）变压器硅胶的储存温度要求为5～25℃，湿度低于70%，不能光照或有辐射，密闭保存，不能与空气直接接触。

（2）变压器硅胶更换作业步骤与工艺要求：

1）确认工作环境良好，天气无雨，相对湿度不大于85%。

2）检查呼吸器外观。确认呼吸器内硅胶变色是否正常，正常变色为由下往上，逐渐由蓝色变为粉色；如呼吸器内硅胶由上至下变色，则需结合硅胶更换，检查呼吸器玻璃罩上部密封垫的密封性，不合格则更换密封垫。

3）确认变压器本体（有调压）重瓦斯保护已停用（或改信号）。

4）拆油杯。将油杯从呼吸器上拆下，取下油杯时，应用毛巾将呼吸器下部的呼气孔裹住，擦拭干净，防止油渍滴落地面。

5）清洗油杯。将油杯内的污油回收处理，用酒精将油杯清洗干净，补充新的变压器油。

6）拆呼吸器。从储油柜联管上拆下呼吸器，用毛巾或棉布将联管口封住，防止储油柜内外温度、湿度相差较大产生气体对流使潮气进入。

7）检查呼吸器。将呼吸器玻璃罩内硅胶倒出，检查玻璃罩是否破裂，清洁玻璃罩，检查密封垫密封情况，密封垫应无渗气。

8）更换硅胶。硅胶采用合格的变色硅胶。将干燥的变色硅胶装入呼吸器内，并在顶盖下面留出1/5～1/6高度的空隙。

9）呼吸器复装。使用合格的密封垫，条形密封垫压缩量为1/3，O形密封垫压缩量为1/2，呼吸器应安装牢固，不因变压器的运行振动而抖动或摇晃。

10）油杯复装。将油杯拧紧，应确认油杯中油位没过呼气孔，并处于最高和最低油位线之间，确保形成油封。对暂时没有反措的油杯（油杯螺纹件上没有缺口）拧紧后往回倒半圈，以提供空气流通气隙。安装后应保持呼吸器呼吸畅通。

11）所有工作结束后应及时清理现场，确认作业现场无遗留物，并做好本次工作的相关记录。

2. 变压器铁芯、夹件接地电流测试

（1）变压器铁芯、夹件接地电流过大的原因及其危害。运行中的变压器铁芯、夹件，与箱体和其他接地部件之间通常应保持绝缘，正常情况时，铁芯和夹件为一点接地，以防止其电位升高。当变压器铁芯与夹件绝缘下降或者存在多点接地时，铁芯、夹件中就会因此产生电流，出现发热现象，进而产生大量乙烯，严重情况甚至还会产生乙炔等气体，甚至直接烧毁绕组。变压器的铁芯、夹件接地电流测试能及时发现变压器铁芯、夹件的绝缘缺陷，以便采取相应处理措施，保障变压器安全稳定运行。

（2）钳形电流表的工作原理及作用。钳形电流表利用电磁感应原理，由电流表和电流传感器两大部分组成，当工作人员握住钳形电流表的扳手时，其电流互感器铁芯即会张开，把被测试导线放入钳口内部作为电流互感器的一次绕组，当放松扳手，铁芯闭合后，依据电磁感应原理，在其二次绕组上产生感应电流，使得电流表指针发生偏转，进而可以显示出被测量电流的数值。钳形电流表可在不断开被测电流回路的情况下进行测量，使用简单方便。

（3）变压器铁芯、夹件接地电流测试作业步骤：

1）选择钳形电流表。结合变压器铁芯、夹件引下线的尺寸大小，被测电流种类以及电流等级，选择合适的钳形电流表。

2）检查钳形电流表。检查钳形电流表表头以及钳口闭合情况是否正常，如果指针未在零位应进行机械调零。

3）选择钳形电流表量程。根据被测电流大小来选择合适的钳形电流表量程，选择的量程应大于被测电流数值，应选择使用最大量程进行估测。

4）正确测量。在进行测量时，需紧按扳手，使钳口足够张开，将被测导线放入口中央，松开扳手并使钳口闭合紧密。

5）结束测量。读数后，应先将钳口再次张开，然后将被测导线退出，最后将挡位放在电流最高挡或者 OFF 挡。

（4）变压器铁芯、夹件接地电流测试的注意事项：

1）使用钳形电流表测量前应检查表的绝缘性能是否良好，外壳有无破损，手柄是否清洁干燥。

2）测量时，人员应站在绝缘垫上，应戴绝缘手套。

3）测量时，应注意身体各部分与带电体保持安全距离。

4）严格按电流等级选用钳形电流表。

5）在进行测量时严禁切换钳形电流表的挡位，如果需要换挡，应先将被测导线从钳口退出，然后再进行挡位切换。

8　智能变电站的虚回路

8.1　智能变电站的一、二次设备简介

目前对智能变电站的定义是，采用先进、可靠、集成、低碳、环保的智能设备，以全站信息数字化、通信平台网络化、信息共享标准化为基本要求，具备自动完成信息采集、测量、控制、保护、测量和监控等基本功能，同时支持电网实时自动控制、智能调节、在线分析决策、协同交互等先进功能的新一代变电站。

8.1.1　智能变电站的一次设备

智能变电站的智能一次设备是指能够实现测量、控制、状态监测等功能的，且具备高度智能化、网络化、可视化等特征的一次设备。从结构上看，智能变电站一次设备可分为两部分，即传输一次电流和电压的一次设备本体、对一次设备进行测量、监测和控制的智能组件（而智能变电站及其一次设备之所以具备“智能化”特征，正是通过这些智能组件实现的）。目前，智能变电站在一次设备智能化方面的实现方式有三种，具体描述如下。

1. 一次设备机构＋智能电子设备

“一次设备机构＋智能电子设备”是现阶段智能变电站一次设备智能化的最常见实现方式，也是当前一次设备智能化的初阶模式。智能电子设备主要包括智能终端、合并单元、监控单元等。采用这种应用方式时，一次设备所需的智能电子设备与一次设备机构分开，并在智能控制柜内分散布置。

2. 一次设备机构＋集成智能组件

“一次设备机构＋集成智能组件”是智能变电站一次设备智能化的过渡形式。采用这种应用方式时，其特点是将测量、保护、控制、测量、监控等一次设备的综合功能集成在智能组件内（由智能单元和监控单元在智能控制柜内集中一体化布置）。

3. 一次设备机构本体内嵌集成智能组件

该方法是智能变电站一次设备智能化的高阶模式。采用这种应用方式时，通过将智能组件集成在一次设备内，从根本上做到一次设备的智能化，并且除主变压器外，智能变电站内的一次设备全部采用气体绝缘开关设备（GIS）。

8.1.2 智能变电站的二次系统

智能变电站的二次系统的组成与常规变电站基本相同，同样包括继电保护、测控、计量、通信、远动等系统。然而，智能变电站的二次系统在功能实现和硬件配置上与常规变电站存在较大差异，这主要体现在智能变电站的二级系统采用数字化、网络化、标准化的通信方式，并且从物理连接的拓扑结构和逻辑结构上看，“三层两网”的网络结构是智能变电站最显著的一个特征。

智能变电站需要用二次网络将各种二次设备高效联系起来，才能实现其各种功能。如果把二次设备比作一个个孤立的城市，那么二次网络就相当于连接各个城市的“高速公路”，而二次设备之间传输的GOOSE、SV报文则经由这些“高速公路”完成采样、跳闸等信息的传输。

1. 智能化二次设备

（1）过程层内的智能化二次设备主要包括智能终端、合并单元、监视单元等智能组件。

1）合并单元。按所处智能汇控柜的不同，合并单元可以分为间隔合并单元和母线合并单元。母线合并单元用于收集母线电压或同期电压，并集成母线电压并列功能（对比之下，常规变电站仍需要单独配置母线电压并列装置），将并列后的母线电压等数据发送到所需设备。而间隔合并单元则用于线路、变压器、电容器等间隔的电气量采集，典型数据有三相电压（一般由母线合并单元级联至间隔合并单元获得）、同步电压、零序电压、三相保护电流（继电保护装置使用）、三相测量电流（测控装置使用）、零序电流。

2）智能终端。智能终端（又称智能元件），是一次设备与二次设备之间的“数字接口”。一方面，智能终端与一次设备通过电缆连接（一般为厂家接好的内配线），用以传递分合闸命令与断路器位置、隔离开关位置、压力低闭锁等信息；另一方面，智能终端与保护测控等二次设备通过光纤连接，既可以接收保护动作信息（如GOOSE直跳、重合闸等信息）、分合闸信号、控制信号，也可以将断路器和隔离开关位置等触点位置信号转换为光信号上传，实现对一次设备（如断路器、隔离开关、主变压器等）的测控功能。

（2）间隔层内的智能化二次设备主要包括继电保护装置、安全自动装置、测量控制装置、故障录波装置、网络记录分析仪、计量装置、状态监测装置等智能化装置。

根据现场实际条件的不同，保护装置所采用的采样方式、跳合闸方式往往是多样的，例如在南方电网的某些智能变电站内，为了避免电磁干扰对采样值的影响，会采用“常规采样＋GOOSE跳闸”的保护装置。依据相关标准，保护装置制造商在生产保护装置时，会在保护装置型号加上相应后缀加以区别，如表8-1所示。

表8-1　　保护装置软件版本后缀含义

后缀	保护装置类型	采样方式及跳闸方式
−G	常规装置	常规采样，常规跳闸
−DG-G	智能化装置	常规采样，GOOSE跳闸
−DA-G	智能化装置	SV采样，GOOSE跳闸

（3）站控层内的智能化二次设备。站控层主要利用收集到的全站信息对全站一次设备进行监控，所以这一层的设备一般是具备全站功能性质的设备，包括监控主机（含数据库）、微机“五防”装置、故障录波装置和网络分析仪、远动机等设备，此外，目前正在广泛建设中的“一键顺控”功能也位于站控层。

注：“五防”即为防止误分、合断路器；防止带负荷分、合隔离开关；防止带电挂（合）接地线（接地开关）；防止带接地线（接地开关）合断路器；防止误入带电间隔。

2. 智能变电站的二次网络

在“三层两网”的智能变电站体系中，“两网”是智能变电站二次网络的载体，其组成部分主要包括二次光纤及其承载的虚回路、虚端子（在继电保护、测控装置等智能设备内配置）、组网交换机。

（1）二次光纤及其承载的虚回路：不同于常规变电站以模拟量和电缆接线为核心，智能变电站以数字量代替模拟量、以光纤虚回路代替电缆回路。具体而言，传统变电站仅由站控层、间隔层构成，而智能变电站在传统变电站两层网络的基础上，又增添了过程层，同时在过程层内设置了合并单元和智能终端。同时，智能变电站在间隔层与过程层之间采用光纤进行信息传输，利用SV和GOOSE光信号代替了传统的开关量和模拟量电信号；间隔层与站控层之间采用光缆信号传输，传输 MMS 信号。采用光缆进行信号的传输，不仅可以大幅减少电缆的敷设量和采购、建设成本，还能有效降低电缆敷设的难度，降低敷设过程中的危险性。

（2）虚端子：在传统的常规变电站中，每根电缆只能传输一个模拟量，电缆的两端对应实际的接线端子，尽管看起来接线清晰明确，但二次信号较多，因此不仅存在电缆的消耗量极大的问题，同时还经常出现误接线、接线端子松动等情况，存在较大的隐患。然而智能变电站则不存在这些问题，多组的数据可以借助一对光纤进行传输，但也正是因为这样，智能变电站内的基建、检修工作难以像常规变电站一样，依靠万用表等设备就可以直接检查二次回路的正确性。因此，为了便于基建期间 SCD 文件制作和后续检修工作的顺利开展，引入了虚回路的概念，虚回路是指光纤中每条信息流所对应的回路，而虚回路的两端就是虚端子。

（3）组网交换机：智能变电站内的各个设备之间也存在互相通信的需求（如线路保护动作开给母线差动保护的启失灵信号），且通信量较大，因此，为了站内的高效通信，以及为了避免网络堵塞，配置组网交换机是必然的选择。

8.2 智能变电站的网络与通信

智能变电站中，采用少量光纤传输大量二次信息，既可以用一对光纤来传输（如 SV 直采、GOOSE 直跳），也可以将二次信号发布在相应的 GOOSE 组网或者 SV 组网内，各智能设备根据自身需要从交换机对应端口接收相应信号，由此就得到了智能变电站的“三层两网”架构。

所谓“三层两网”构架是指由 IEC 61850《电力自动化的通信网络和系统》系列标准定义的一种智能变电站网络构架，“三层”是指在物理结构上的站控层、间隔层、过程层，“两网”是指逻辑关系上的站控层网络、过程层网络，如图 8-1 所示。

8.2.1 “三层”

1. 过程层

过程层，又称为设备层，位于智能变电站体系的最底部，是智能变电站的基础，主要包括变压器、断路器及其辅助触点、隔离开关及其辅助触点、电流互感器、电压互感器、合并单元、智能终端等一次设备及其所属的智能组件和独立的智能电子装置。其功能主要包括：①为间隔层设备提供模拟量

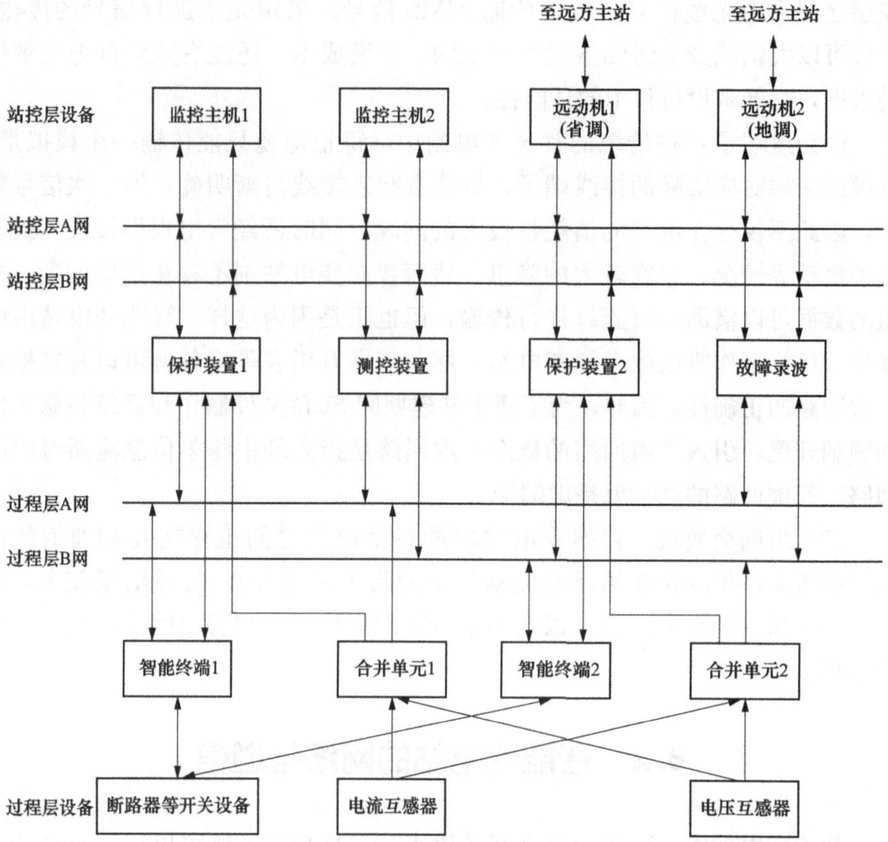

图 8-1 “三层两网”结构图

和状态量输入/输出，既要将一次侧的电压、电流的幅值和相位处理成符合IEC 61850规约的光信号，并发送给相应的二次设备使用，也需要将断路器、隔离开关、变压器等一次设备的实际遥信状态转换为相应的光信号；②执行间隔层设备发出控制命令等功能，完成对断路器、隔离开关、主变压器分接头等的控制任务。

2. 间隔层

间隔层位于智能变电站体系的中层位置，主要包括继电保护装置、测控装置、计量装置、系统测控装置、监测功能组主IED（如故障录波器和网络分析仪）等二次设备。该层设备需要使用一个或多个间隔的数据，并作用于该间隔的一次设备，即需要与各种远方设备进行通信，判别当前是正常工况还是故障情况，进而完成相应的保护动作，实现报文上送/下发等功能。另外，间隔层还应接收站控层的遥控操作等命令，进而完成对过程层设备的遥控分合闸、闭锁等操作。

3. 站控层

站控层，又称为变电站层，位于体系的最顶层，包括站控系统、变电站监控系统、变电站工程师工作台及与电网调度中心的通信系统，负责监控后台主机、省调（地调）远动机、“五防锁”系统、保信子站等设备，实现对全站设备进行监控、控制、报警和信息交互，同时也需要实现数据采集与监控（SCADA）操作锁定、同步矢量采集、电能采集、保护信息管理等相关功能。

站控层设备需要为运维人员提供人机交互界面，向下能让运维人员对全站设备的状况进行实时监控并进行操作控制；向上则既可以将过程层和间隔层设备的信息与报文进行纵向加密后上送调度控制中心，也可以经同样的链路，接收调度控制中心的遥控等命令，经由远动机远端控制对应的一次设备。

8.2.2 “两网”

1. 过程层网络

过程层网络是指过程层和间隔层之间的网络连接，主要负责间隔层设备（如继电保护装置、测控装置、故障录波器等）与过程层设备之间的通信任务。

过程层网络一般对应各间隔合并单元、智能终端所在屏柜的交换机。过程层网络主要包含 SV 信息和 GOOSE 信息。SV 信息和 GOOSE 信息主要用于过程层设备与间隔层设备间通信，SV 信息内容应包含继电保护装置、测控装置、故障录波器、电能表等装置所需要的电流、电压采样值，上述 SV 信息均由合并单元以光纤直连或组网形式发出。GOOSE 信息内容应包含合并单元、智能终端与保护、测控、故障录波等装置间传输的一次设备的位置信息、告警信息；合并单元及智能终端的告警信息、自检信息；保护跳闸、重合闸命令；测控或经后台的遥控分合闸命令、联闭锁信息；保护失灵启动和保护联闭锁信息等。

2. 站控层网络

站控层网络是指站控层与间隔层之间的网络连接，主要负责间隔层设备与站控层设备之间以及间隔层设备之间的通信任务，一般对应站控层交换机屏、间隔层交换机屏中的交换机。

站控层网络包含 MMS 信息和 GOOSE 信息，其中间隔层设备与站控层设备间通信使用 MMS 信息（“制造报文规范”信息），其内容应包含“遥控、遥测、遥信、遥调”信息及故障录波信息。而间隔层设备之间的通信则使用 GOOSE 信息，其内容应包含间隔层设备间的联闭锁信息。

综上所述，在“三层两网”系统中，各层、各设备之间均使用光纤连接，如图 8-2 所示。

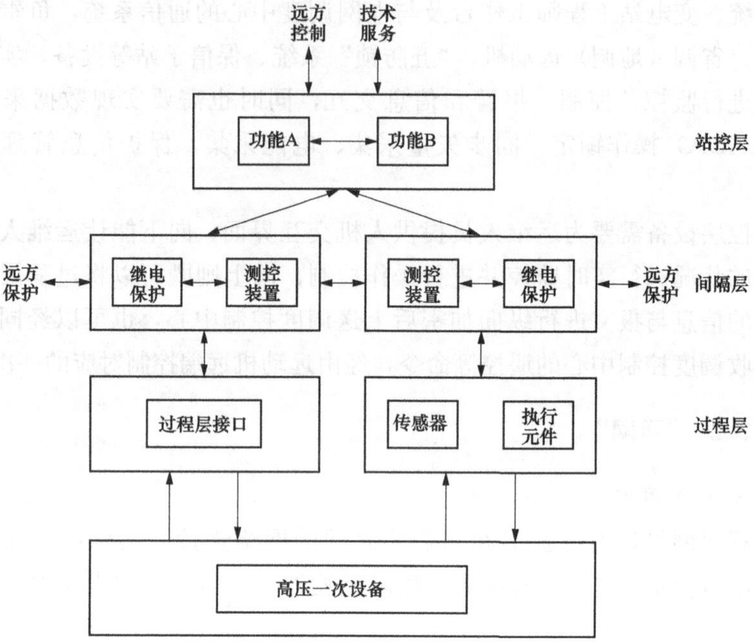

图 8-2 “三层两网”构架信息流图

8.3 智能变电站二次系统虚回路

8.3.1 智能变电站的 SV、GOOSE 信息流

1. SV 信息流

(1) 点对点 SV 传输方式。220kV 主变压器、220kV 线路间隔中，220kV 母线合并单元将母线电压发送至 220kV 间隔合并单元（或者合智一体装置），该光纤一般为级联光纤。220kV 主变压器、220kV 线路、220kV 母线间隔的合并单元（对于 110kV 及以下电压等级，一般采用合智一体装置）将母线电压、相应间隔的保护电流 SV 直接发送给本间隔保护装置。另外，一般计量 SV 通过合并单元 B（或者合智一体装置 B）发至各间隔电能表。

(2) 组网 SV 传输方式。除母线间隔外，其他典型间隔都是间隔合并单元（或者合智一体装置）将测量、计量 SV 通过相应间隔的过程层交换机发送给相应间隔的测控装置、电能表。此外，各间隔的合并单元（或者合智一体装置）还需要将间隔 SV 通过间隔过程层交换机和过程层中心交换机发送给网络分析仪、故障录波器。

2. GOOSE 信息流

(1) 点对点 GOOSE 传输方式。主变压器、线路、母线间隔保护装置将保护跳闸信号直接发送至该间隔智能终端（或合智一体装置）。

(2) 组网 GOOSE 传输方式。智能终端（或合智一体装置）通过间隔过程层交换机将间隔的断路器、隔离开关位置信息等信号发送至该间隔的测控装置，而测控装置也可以将遥控、逻辑闭锁等信息按相反方向发送至该间隔的智能终端（或合智一体装置）。

智能变电站中，各间隔的继电保护装置之间的联闭锁信息、启动失灵等信息也通过 GOOSE 网络传输。例如线路保护、主变压器保护动作，其启失灵信号需通过 GOOSE 组网中心交换机发送至 220kV 母线差动保护，主变压器保护跳母联断路器、跳分段断路器、闭锁备自投命令也通过 GOOSE 网络传输。

8.3.2 典型间隔的 SV、GOOSE 信息流

图 8-3～图 8-6 所示的过程层网络拓扑图中，一旦相应链路断链，会产生严重后果：

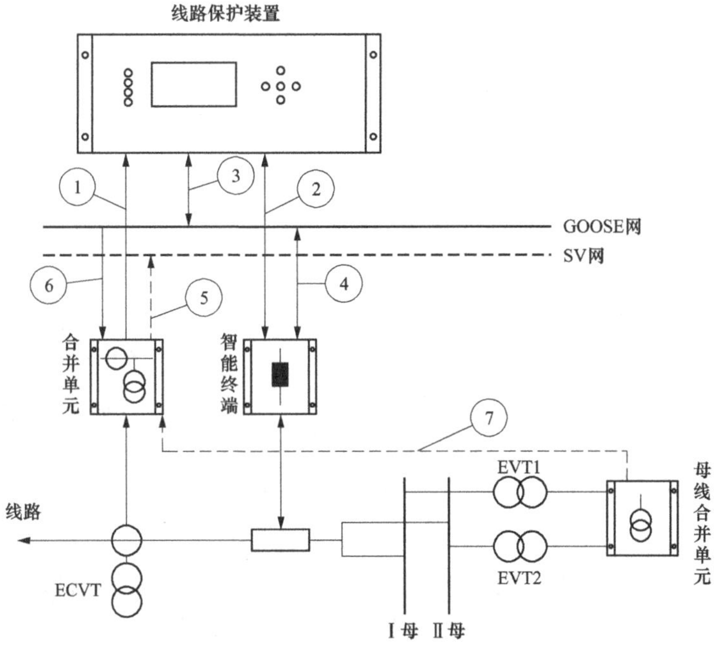

图 8-3　220kV 线路间隔过程层网络拓扑图

（1）GOOSE 断链等异常情况，会导致保护装置无法出口等问题，还有可能会造成事故扩大。

（2）SV 断链等异常情况，会导致保护无采样或采样不准确等问题，不仅会影响保护正确动作、闭锁或开放相关保护元件，还会影响遥测、计量等。

1. 220kV 线路间隔（仅列出第一套保护）

从图 8-3 中可以看出，线路间隔智能终端需要采用“点对点”GOOSE 传输方式，将间隔隔离开关位置等信息发送给母线保护，将“线路闭锁重合闸”发送给线路保护。线路间隔中各 GOOSE、SV 链路说明如表 8-2 所示。

表 8-2　　220kV 线路间隔 GOOSE、SV 链路

<table>
<tr><th>序号</th><th>描述</th><th>起点</th><th>终点</th></tr>
<tr><td>1</td><td>线路间隔保护电压、电流（SV“直采”）</td><td>线路合并单元</td><td>线路保护装置</td></tr>
<tr><td rowspan="2">2</td><td>开关位置、闭锁重合闸开入</td><td>线路智能终端</td><td>线路保护装置</td></tr>
<tr><td>线路保护跳闸、重合闸（GOOSE“直跳”）</td><td>线路保护装置</td><td>线路智能终端</td></tr>
<tr><td rowspan="2">3</td><td>线路保护启动失灵、保护动作信号</td><td>线路保护装置</td><td>线路过程层交换机（送至过程层中心交换机）</td></tr>
<tr><td>母线保护启动远跳、闭锁重合闸（GOOSE“网跳”）</td><td>线路过程层交换机（转发过程层中心交换机的命令）</td><td>线路保护装置</td></tr>
<tr><td rowspan="2">4</td><td>（1）断路器、隔离开关位置；
（2）设备信号、告警信号</td><td>线路智能终端</td><td>线路过程层交换机</td></tr>
<tr><td>（1）断路器、隔离开关的遥控命令；
（2）断路器、隔离开关的逻辑闭锁</td><td>线路过程层交换机</td><td>线路智能终端</td></tr>
<tr><td>5</td><td>线路间隔的 SV 信号（SV“网采”）</td><td>线路合并单元</td><td>线路过程层交换机（送至线路测控装置）</td></tr>
<tr><td>6</td><td>母线隔离开关位置</td><td>线路过程层交换机（来自线路智能终端）</td><td>线路合并单元</td></tr>
<tr><td>7</td><td>母线电压（切换后电压）</td><td>母线合并单元</td><td>线路合并单元</td></tr>
</table>

2. 220kV 主变压器间隔（仅列出第一套保护）

从图 8-4 可以看出，主变压器本体侧合并单元将公共绕组保护电流或零序、间隙电流 SV 发送给主变压器保护装置。一般而言，主变压器的 220kV 侧的合并单元和智能终端分开配置，主变压器高压侧及本体侧的 GOOSE、SV 组网由一台过程层交换机完成；而中压侧、低压侧则普遍采用合智一体装置，中压侧、低压侧的 GOOSE、SV 组网也由一台交换机完成。主变压器间隔中各 GOOSE、SV 链路说明如表 8-3 所示。

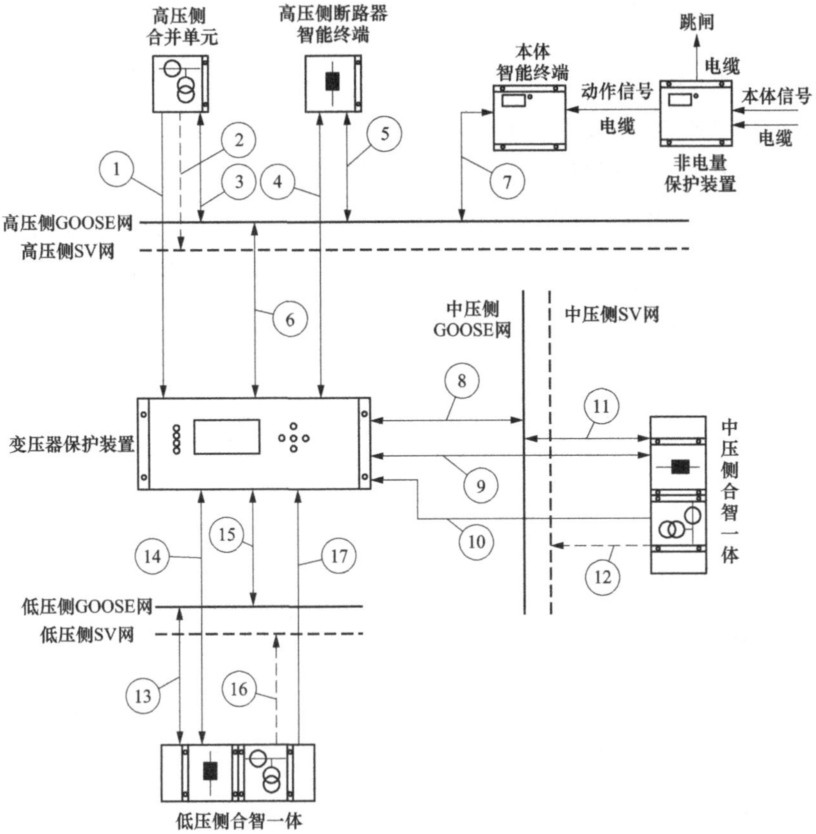

图 8-4　220kV 主变压器保护过程层网络拓扑图

表 8-3　　　　220kV 主变压器间隔 GOOSE、SV 链路

序号	描述	起点	终点
1	主变压器高压侧保护电压、电流（SV“直采”）	高压侧合并单元	主变压器保护装置
2	（1）主变压器高压侧测量电压、电流 SV 信号； （2）告警信号	高压侧合并单元	主变压器高压侧及本体侧过程层交换机
3	母线隔离开关位置	主变压器高压侧及本体侧过程层交换机	高压侧合并单元
4	主变压器保护跳高压侧开关（GOOSE“直跳”）	主变压器保护装置	高压侧智能终端
	配对	高压侧智能终端	主变压器保护装置

续表

序号	描述	起点	终点
5	(1) 主变压器高压侧间隔设备位置信号； (2) 装置告警	高压侧智能终端	主变压器高压侧及本体侧过程层交换机
	主变压器高压侧断路器、隔离开关遥控命令及逻辑闭锁	主变压器高压侧及本体侧过程层交换机	高压侧智能终端
6	(1) 主变压器保护启动母线差动保护失灵； (2) 主变压器保护动作信号	主变压器保护装置	主变压器高压侧及本体侧过程层交换机
	220kV 母线保护失灵联跳主变压器各侧断路器	主变压器高压侧及本体侧过程层交换机	主变压器保护装置
7	(1) 主变压器非电量保护信号； (2) 告警信号	主变压器本体智能终端	主变压器高压侧及本体侧过程层交换机
	配对	主变压器高压侧及本体侧过程层交换机	主变压器本体智能终端
8	主变压器保护动作信号	主变压器保护装置	主变压器中压侧及低压侧过程层交换机
	配对	主变压器中压侧及低压侧过程层交换机	主变压器保护装置
9	主变压器保护跳中压侧开关（GOOSE“直跳”）	主变压器保护装置	中压侧合智一体装置
	配对	中压侧合智一体装置	主变压器保护装置
10	主变压器中压侧保护电压、电流（SV“直采”）	中压侧合智一体装置	主变压器保护装置
11	(1) 主变压器中压侧间隔设备位置信号； (2) 装置告警	中压侧合智一体装置	主变压器中压侧及低压侧过程层交换机
	主变压器中压侧断路器、隔离开关遥控命令及逻辑闭锁	主变压器中压侧及低压侧过程层交换机	中压侧合智一体装置
12	(1) 主变压器中压侧测量电压、电流 SV 信号； (2) 告警信号	中压侧合智一体装置	主变压器中压侧及低压侧过程层交换机
13	(1) 主变压器低压侧间隔设备位置信号； (2) 装置告警	低压侧合智一体装置	主变压器中压侧及低压侧过程层交换机
	主变压器中压侧断路器、隔离开关遥控命令及逻辑闭锁	主变压器中压侧及低压侧过程层交换机	低压侧合智一体装置

续表

序号	描述	起点	终点
14	主变压器保护跳低压侧开关（GOOSE“直跳”）	主变压器保护装置	低压侧合智一体装置
	配对	低压侧合智一体装置	主变压器保护装置
15	主变压器保护动作信号	主变压器保护装置	主变压器中压侧及低压侧过程层交换机
	配对	主变压器中压侧及低压侧过程层交换机	主变压器保护装置
16	（1）主变压器低压侧测量电压、电流 SV 信号； （2）告警信号	低压侧合智一体装置	主变压器中压侧及低压侧过程层交换机
17	主变压器低压侧保护电压、电流（SV“直采”）	低压侧合智一体装置	主变压器保护装置

主变压器后备保护动作直接跳闸时，不仅需要通过直连的 GOOSE 光纤，直接跳开各侧断路器，还要通过直连的 GOOSE 光纤，根据保护动作信号，对应跳开中压侧母联断路器、分段断路器或者低压侧母联断路器、分段断路器。需要特别注意的是，除上述跳闸命令外，闭锁低压侧备自投命令也要通过直连的 GOOSE 光纤发送至低压侧母联断路器的合智一体装置。

此外，智能变电站的主变压器本体智能终端一般集成非电量保护功能，但各自的装置电源独立，非电量保护采用就地电缆直接跳闸的方式，配置独立的电源回路与出口跳闸回路，且出口跳闸回路直接接入主变压器各侧智能终端的“其他保护动作三相跳闸”的输入端口，且不得与电气量保护共用出口回路。本体智能终端则通过组网 GOOSE 网络将非电量动作等信息发送至本体测控装置；220kV 母线差动保护则通过 GOOSE 组网将“失灵联跳”命令发送至主变压器保护，主变压器保护收到该命令，并且判过电流后 50ms 再跳开主变压器各侧断路器。

3. 220kV 母线间隔（仅列出第一套保护）

从图 8-5 可以看出，母线保护通过点对点 SV 传输方式，接收各间隔合并单元的保护电流及母线合并单元的保护电压。母线保护将母线差动保护启动失灵、启动远跳、闭锁线路重合闸等信号，通过 GOOSE 组网传输的方式发送至相应间隔保护装置。需要指出的是，220kV 过程层中心交换机负责母线保护装置与其他间隔过程层交换机的信息交换（如启动失灵、启动远跳等），一般位于母线保护屏内。母线保护间隔中各 GOOSE、SV 链路说明如表 8-4 所示。

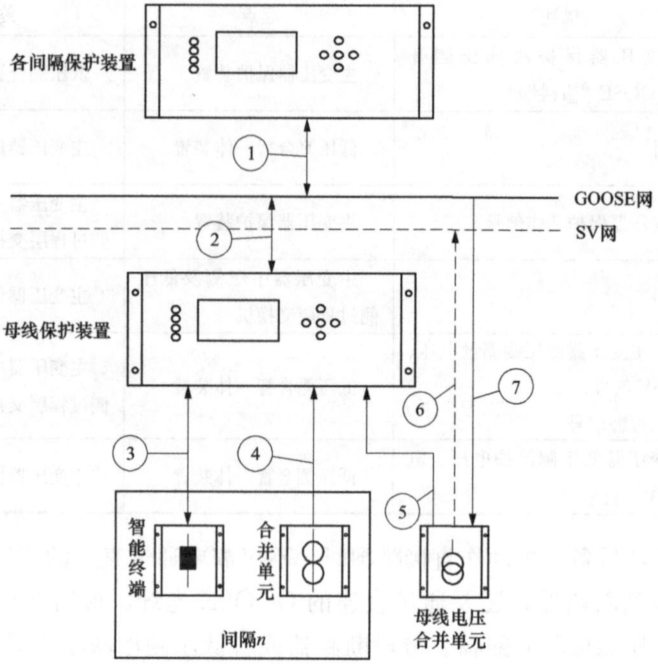

图 8-5 220kV 母线保护过程层网络拓扑图

表 8-4 220kV 母线保护间隔 GOOSE、SV 链路

序号	描述	起点	终点
1	(1) 220kV 线路、主变压器保护启动母差失灵、保护动作信号； (2) 间隔 n 的 SV 信号； (3) 间隔 n 的设备位置； (4) 间隔 n 的告警信号	间隔 n 过程层交换机	220kV 过程层中心交换机
	(1) 220kV 母线保护启动失灵，跳主变压器各侧断路器； (2) 220kV 母线保护启动失灵，启动线路远跳、闭锁线路重合闸	220kV 过程层中心交换机	间隔 n 过程层交换机
2	(1) 220kV 母线保护启动失灵，跳主变压器各侧断路器； (2) 220kV 母线保护启动失灵，启动线路远跳、闭锁线路重合闸	母线保护装置	220kV 过程层中心交换机
	220kV 线路、主变压器保护启动母线保护母差失灵	220kV 过程层中心交换机	母线保护装置

序号	描述	起点	终点
3	线路、主变压器间隔：隔离开关位置	间隔 n 智能终端	母线保护装置
	母联间隔：开关位置、SHJ		
	母线保护动作跳闸（GOOSE“直跳”）	母线保护装置	间隔 n 智能终端
4	间隔 n 的保护电流（SV“直采”）	间隔 n 合并单元	母线保护装置
5	Ⅰ母、Ⅱ母保护电压	母线合并单元	母线保护装置
6	（1）Ⅰ母、Ⅱ母 SV 信号； （2）告警信号	母线合并单元	220kV 过程层中心交换机
7	（1）母联断路器、隔离开关位置； （2）Ⅰ母、Ⅱ母压板隔离开关位置	220kV 过程层中心交换机	母线合并单元

4. 220kV 母联间隔（仅列出第一套保护）

从图 8-6 可以看出，母线合并单元将母线电压以级联方式发送至母联合并单元，母联合并单元将母线电压、间隔保护电流发送给相应装置；母联智能终端通过“点对点”GOOSE 传输方式将开关位置、手合（SHJ）触点发送至母线保护。母联间隔中各 GOOSE、SV 链路说明如表 8-5 所示。

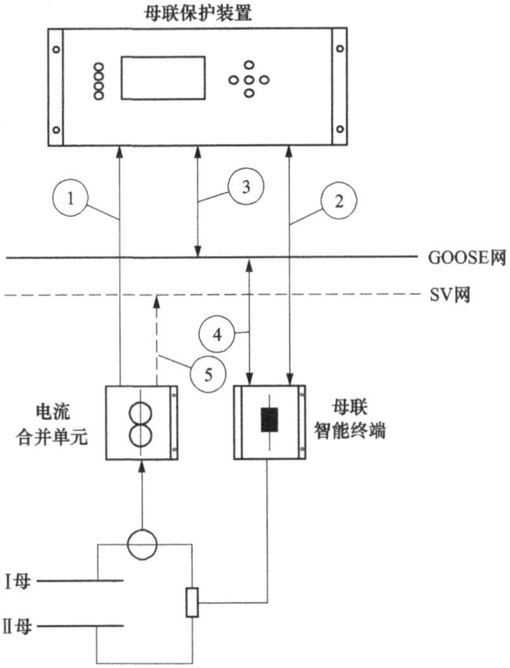

图 8-6　220kV 母联间隔过程层网络拓扑图

表 8-5　　220kV 母联间隔 GOOSE、SV 链路

序号	描述	起点	终点
1	母联间隔保护 SV	母联间隔合并单元	母联保护装置
2	母联保护跳闸	母联保护装置	母联智能终端
	配对	母联智能终端	母联保护装置
3	（1）母联保护启动母差失灵； （2）母联保护动作信号	母联保护装置	母联间隔过程层交换机
	配对	母联间隔过程层交换机	母联保护装置
4	（1）母联间隔断路器、隔离开关位置； （2）母联间隔设备位置； （3）告警信号	母联智能终端	母联间隔过程层交换机
	母联间隔断路器、隔离开关遥控命令及逻辑闭锁	母联间隔过程层交换机	母联智能终端
5	（1）母联间隔保护、测量 SV 信号； （2）告警信息	母联合并单元	母联间隔过程层交换机

需要注意的是，虽然图表中列出了母联保护启动母线差动保护的 GOOSE 链路，但是浙江省无论是常规变电站还是智能变电站，母联保护启失灵信号均不接入母线差动保护。

9

9 变电站异常处置案例

9.1 直流接地故障消缺案例

9.1.1 异常现象

2021 年××月××日晚，天气大雨，××变电站远方监控 OPEN-3000 系统“直流系统故障”和“直流系统绝缘故障”光字亮，××变电站出现站内直流母线接地故障，随即运检人员前往××变电站现场进行检查，现场后台直流故障信息如图 9-1 所示。

2021-10-20 21:48:45::000	2021-10-20 21:48:46::382	一般告警	一体化电源.一体化电源.一段直流母线绝缘下降 复归
2021-10-20 21:48:42::000	2021-10-20 21:48:44::399	一般告警	一体化电源.一体化电源.一段直流馈线支路绝缘下降总告警 复归
2021-10-20 21:48:38::000	2021-10-20 21:48:40::340	一般告警	一体化电源.一体化电源.一段直流F4分屏直流馈线绝缘下降总告警 复归
2021-10-20 21:47:47::000	2021-10-20 21:47:49::535	一般告警	一体化电源.一体化电源.二段直流馈线支路绝缘下降总告警 动作
2021-10-20 21:47:43::000	2021-10-20 21:47:45::452	一般告警	一体化电源.一体化电源.二段直流F4分屏直流馈线绝缘下降总告警 动作
2021-10-20 21:47:35::000	2021-10-20 21:47:37::313	一般告警	一体化电源.一体化电源.二段直流母线绝缘下降 动作
2021-10-20 21:44:11::000	2021-10-20 21:44:12::497	一般告警	一体化电源.一体化电源.一段直流馈线支路绝缘下降总告警 动作
2021-10-20 21:44:06::000	2021-10-20 21:44:08::497	一般告警	一体化电源.一体化电源.一段直流F4分屏直流馈线绝缘下降总告警 动作
2021-10-20 21:43:57::000	2021-10-20 21:43:58::279	一般告警	一体化电源.一体化电源.一段直流母线绝缘下降 动作
2021-10-20 21:43:19::000	2021-10-20 21:43:21::814	一般告警	一体化电源.一体化电源.一段直流馈线支路绝缘下降总告警 复归
2021-10-20 21:43:19::000	2021-10-20 21:43:21::810	一般告警	一体化电源.一体化电源.一段直流母线绝缘下降 复归
2021-10-20 21:43:16::000	2021-10-20 21:43:17::708	一般告警	一体化电源.一体化电源.一段直流F4分屏直流馈线绝缘下降总告警 复归
2021-10-20 21:42:51::000	2021-10-20 21:42:53::309	一般告警	一体化电源.一体化电源.一段直流馈线支路绝缘下降总告警 动作
2021-10-20 21:42:47::000	2021-10-20 21:42:49::301	一般告警	一体化电源.一体化电源.一段直流F4分屏直流馈线绝缘下降总告警 动作
2021-10-20 21:42:39::000	2021-10-20 21:42:41::207	一般告警	一体化电源.一体化电源.一段直流母线绝缘下降 动作
2021-10-20 21:42:31::000	2021-10-20 21:42:33::118	一般告警	一体化电源.一体化电源.一段直流馈线支路绝缘下降总告警 复归
2021-10-20 21:42:27::000	2021-10-20 21:42:28::963	一般告警	一体化电源.一体化电源.一段直流F4分屏直流馈线绝缘下降总告警 复归
2021-10-20 21:42:24::000	2021-10-20 21:42:26::947	一般告警	一体化电源.一体化电源.一段直流母线绝缘下降 复归
2021-10-20 21:37:47::000	2021-10-20 21:37:48::921	一般告警	一体化电源.一体化电源.一段直流馈线支路绝缘下降总告警 动作
2021-10-20 21:37:43::000	2021-10-20 21:37:44::812	一般告警	一体化电源.一体化电源.一段直流F4分屏直流馈线绝缘下降总告警 动作

图 9-1 现场监控后台报文信息

结合后台 SOE 告警信息发现直流Ⅰ段母线及直流Ⅱ段母线均出现绝缘下降的情况。

9.1.2 现场处理过程

1. 现场检查

随后，运检人员检查直流绝缘监测装置，装置实时告警报文显示：

20:31:32 2 号直流母线电压不平衡；

21:17:40 1 号直流母线电压不平衡；

21:37:31 2 号直流母线绝缘下降；

21:37:39 2 号直流馈线开关 2KQ14 绝缘下降；

21:37:39 2 号直流 F4 分屏馈线开关 2FQ16 绝缘下降；

21:37:43 2 号直流馈线绝缘下降总告警；

21:48:32 1 号直流母线绝缘下降；

21:48:39 1 号直流 F4 分屏馈线开关 1FQ19 绝缘下降；

21:48:43 一段直流馈线绝缘下降总告警。

装置遥测量显示：一段母线正对地电压 58.7V，一段母线正对地电阻 24.0kΩ；一段母线副对地电压 168.3V，一段母线副对地电阻 999.9kΩ。

根据直流绝缘监测装置提供的信息可知，直流Ⅰ段母线为正极接地（正极对地绝缘明显下降，为 20kΩ 左右），接地点出现在 1FQ19 空气断路器下；直流Ⅱ段母线为负极接地（负极对地绝缘明显下降，为−15kΩ 左右），接地点出现在 2FQ16 空气断路器下。现场继续进一步检查，1FQ19 为 10kVⅡ段母线开关柜保护测控装置直流电源空气断路器，2FQ16 为 10kVⅡ段母线开关柜保护控制电源空气断路器。10kVⅡ段母线下存在户外触点易浸水的间隔主要有 6～9 号电容器，如图 9-2 所示。

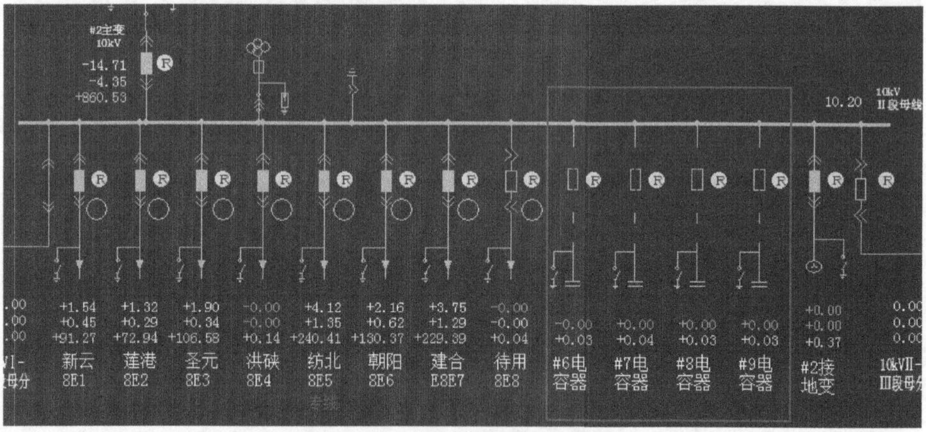

图 9-2　10kVⅡ段母线下间隔

运检人员采用拉路法，对热备用电容器进行拉路确认，拉开 7 号电容器开关柜在线带电显示器装置电源 5DK 后，直流Ⅰ段电压恢复正常，拉开 7 号电容器测控装置电源 3DK 后，直流Ⅱ段电压恢复正常。

2. 原因初步分析

根据以上所提供的信息，运检人员结合二次图纸首先进行如下分析：

7 号电容器信号回路的电源为 3DK，即引起直流Ⅱ段母线绝缘下降的空气断路器。信号回路中存在户外触点的有接地开关合位、接地开关分位、网门打开 3 个回路，大雨天引起直流Ⅱ段母线接地的故障点发生在这三处的可能性较大。

7 号电容器小车闭锁回路的电源为 5DK，即引起直流Ⅰ段母线绝缘下降的空气断路器。小车闭锁回路中采用户外触点的有网门动合触点，大雨天如果该处浸水就会导致直流Ⅰ段母线绝缘下降。

综上可知，××变电站直流接地的故障点可能发生在以下两处：①7 号电容器接地开关辅助触点；②7 号电容器网门行程开关辅助触点。因直流Ⅰ段及Ⅱ段母线均出现直流接地的故障，故后者的可能性更大。

3. 现场处置

结合图纸，检查现场电容器端子箱接线，开关柜小车闭锁回路中将两个网门行程开关的动合触点串联接入其中，如图 9-3（a）所示；信号回路中将两个网门行程开关的动断触点并联接入其中，如图 9-3（b）所示。

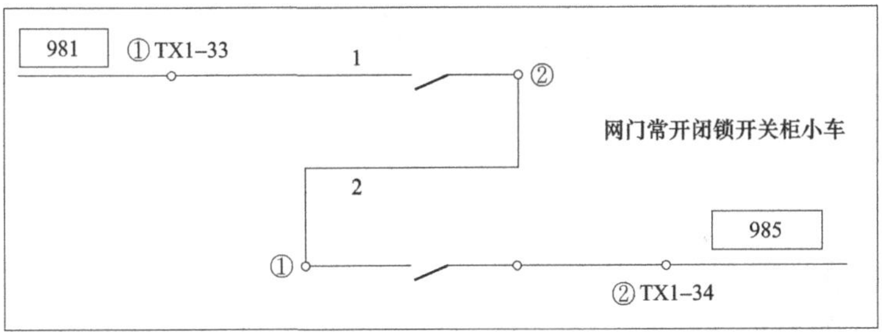

(a) 小车闭锁回路

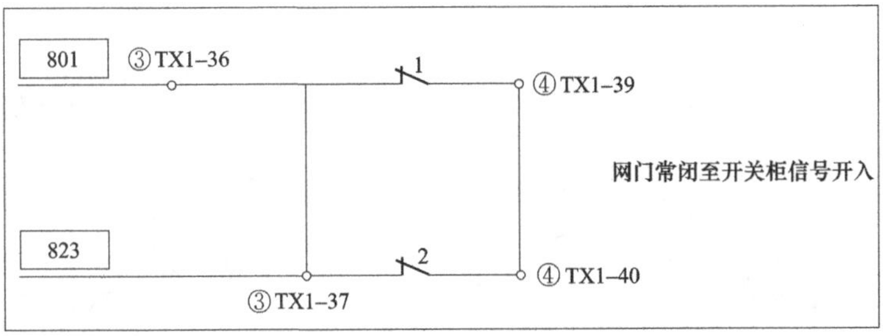

(b) 信号回路

图 9-3　小车闭锁及信号回路

运检人员将网门动合触点接入 981，985 回路的电缆隔离开后，直流Ⅰ

段电压恢复正常。随后，运检人员又将网门动断触点接入 823 回路的电缆隔离开，直流Ⅱ段电压也恢复正常。至此，直流接地故障点均已找出，故障排除。

运检人员在 7 号电容器端子箱中将网门触点从信号回路和闭锁回路的内部回路侧隔离开来，并用绝缘胶布包好和标记好，便于后续处理。网门闭锁回路已经短接，以保证小车能正常操作，处置情况如图 9-4 所示。

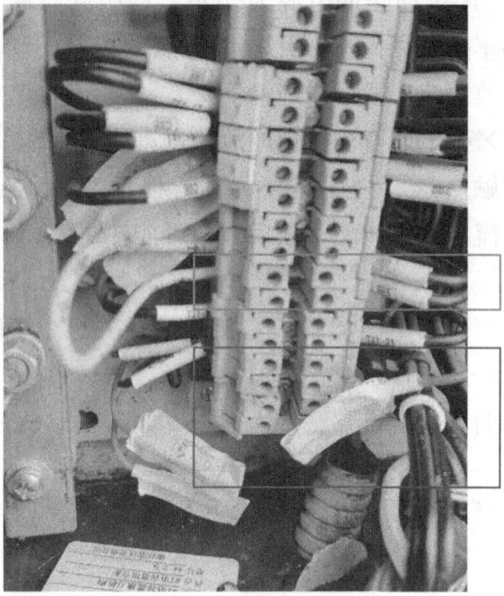

图 9-4　现场处置结果

运检人员再次检查网门行程开关浸水情况，发现网门的两个行程开关均锈蚀严重，锈蚀情况如图 9-5 所示。

图 9-5　网门 1、2 行程开关锈蚀情况

9.1.3 综合分析

综上所述，220kV××变电站直流系统接地故障原因为 7 号电容器网门行程开关锈蚀严重，大雨天导致其触点绝缘水平明显下降。其动合触点存在于直流Ⅰ段母线下，动断触点存在于直流Ⅱ段母线下，导致两套直流系统均出现直流接地故障。

9.2 间隔电压异常消缺案例

9.2.1 异常现象

2022 年××月××日，××变电站 220kV 某线保护测控改造工作完成。在冲击投产过程中，22:21 执行“某线由副母热备用改为副母运行（对某线充电）”调度指令合上开关后，现场检查发现监控后台及 OPEN-3000 某线路电压、母线相电压显示异常，相关信息如下：

（1）OPEN-3000 间隔分图界面显示母线侧同期电压为 110.4kV，线路侧同期电压为 19.59kV（正常约为 127kV）。

（2）监控后台间隔分图显示相电压异常，U_a为 110.42kV，U_b为 155.65kV，U_c为 131.29kV；线电压正常，U_{ab}为 226.76kV，U_{bc}为 226.76kV，U_{ca}为 227.19kV；线路电压异常，U_x为 19.63kV。

9.2.2 现场处理过程

1. 测控装置检查

（1）检查某线测控装置模拟量输入显示，相关信息如下：

U_{1a}=50.12V，U_{1b}=70.81V，U_{1c}=59.73V，U_{4a}=15.54V，异常；

U_{1ab}=103.1V，U_{1bc}=103.1V，U_{1ca}=103.1V，正常。

查阅测控交流电压回路图，端子排接线如图 9-6 所示，分别量取测控装置后端子排上下列端子电压：

A721(2-21UD:1) 对 N600(2-1UD:10) 电压为 50V 左右；

B721(2-21UD:2) 对 N600(2-1UD:10) 电压为 70V 左右；

C721(2-21UD:3) 对 N600(2-1UD:10) 电压为 60V 左右；

A604(2-21UD:7) 对 N600(2-1UD:10) 电压为 15V 左右；

N600(2-21UD:10) 对地电压为 10V 左右。

发现母线电压 A721、B721、C721 对 N600 电压有偏移，查阅测控屏设计

图 9-6　某线测控端子排

图纸，发现母线电压从第一套线路保护屏经电缆（5E142）引至测控屏，且只接了三个电压（A721、B721、C721），测控装置设计图上显示母线电压的 N600 未从第一套线路保护屏引出至测控屏。

（2）查阅测控柜设计图纸，发现线路电压是从第一套线路保护屏（设计图上是第二套）经电缆（5E130B）引至测控屏，设计图显示线路电压的 N600，接在了 1-21UD:8 端子外侧，且端子 7、8、9 号端子有短接；查阅测控装置厂家原理图，发现测控装置母线电压的 N600 厂家内配线接在了 1-21UD:8 端子内侧；根据实际接线，在测控装置端子排上，发现母线电压用的 N600 是由线路电压的 N600 提供的，而设计图中显示线路电压的 N600 是经击穿熔断器"JB"接地的。由于测控装置母线线电压正常，而相电压异常，初步怀疑测控装置相电压偏移可能是由于母线电压的 N600 与线路 N600 的电压不是同一点接地引起的。

2. 保护屏检查

测控装置的母线电压、线路电压均取自第一套线路保护屏，查阅某线第一套保护设计图纸，发现设计图纸上切换后至测控装置的母线电压的 N600(7UD:15）与至测控装置的线路电压的 N600(1UD:5）之间没有短接，如图 9-7 所示。

现场检查端子排上实际接线情况，7UD:15 端子与 1UD:5 端子之间没有短接线，由于测控装置的母线电压的 N600 未引进测控装置，测控装置内的 N600 连接了线路电压的 N600，加之第一套线路保护屏端子排设计图纸上未

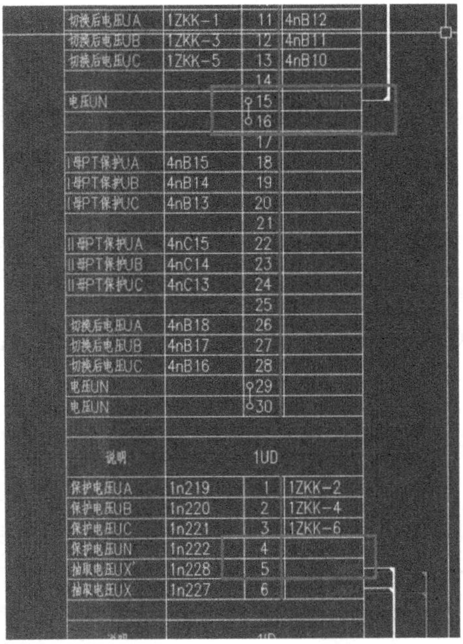

图 9-7　某线第一套线路保护设计图

对母线电压的 N600 与线路电压的 N600 进行短接处理，第一套保护屏的 N600，没有引到测控上，就造成了测控上没有真正的 N600，故导致测控装置母线电压相电压存在偏移。

3. 母线电压异常现场处置

现场将 7UD：15 端子与 1UD：5 端子短接后，如图 9-8 所示。检查测控装

图 9-8　处理后接线情况

置及监控后台母线相电压情况，发现母线电压相电压恢复正常。

4. 线路电压异常检查

现场通过量取端子排上线路电压，发现户外开关端子箱至第二套线路保护屏电缆（5E111）保护屏端子排上 1UD:5 和 1UD:6 端子上电压均不正确。说明从开关端子箱进保护室线路电压存在异常。

在保护屏量取线路电压发现开关端子箱至保护屏线路电压不正确后，至现场开关端子箱检查。

首先，量取开关端子箱内至保护屏电缆（5E111）A604 端子（如图 9-9 所示）上电压，显示对地电压为 15V 左右。

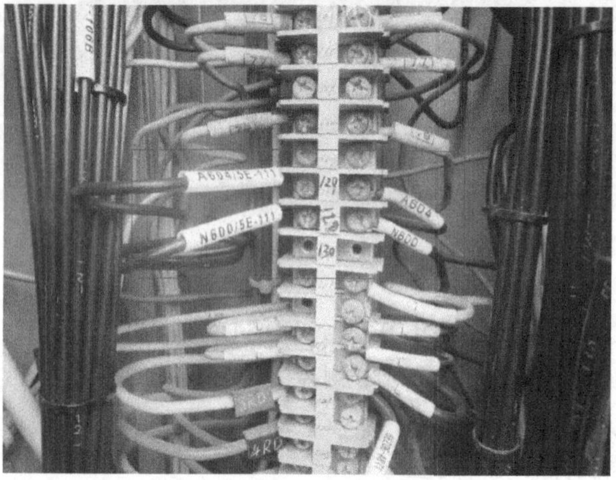

图 9-9　某线开关端子箱接线

在解开（5E111)A604 接线后，量取端子排内侧 A604 电压，发现电压上升为 57V 左右，在恢复接线后，电压又恢复至 15V 左右。此现象误判为开关端子箱至保护屏这根 5E111 长电缆存在破损绝缘故障，当即进行对芯检查或使用绝缘电阻表检查导线绝缘性能等，发现该电缆无异常。

然后，至线路电压互感器端子箱，量取线路电压互感器二次引下线处电压，发现线路电压互感器二次引下线处 A601、A602 端子上的电压为 100V，查看线路电压互感器的铭牌如图 9-10 所示，发现线路电压互感器二次绕组有 100V 额定电压绕组。

A601、A602 端子上电压为 100V 额定值，则证明线路电压互感器二次绕组输出值正确，说明开关端子箱量取的 A604 的 57V 电压，电压数值存疑，线路电压互感器端子箱至开关端子箱内的回路存在异常。查阅图纸，发现线路电压互感器端子箱至开关端子箱内的回路 A602 需要串联线路隔离开

(a) A601、A602端子电压　　(b) 电压互感器铭牌

图 9-10　某线路电压互感器

关（3G）的辅助触点后，回路编号方变为 A604。如图 9-11 所示。

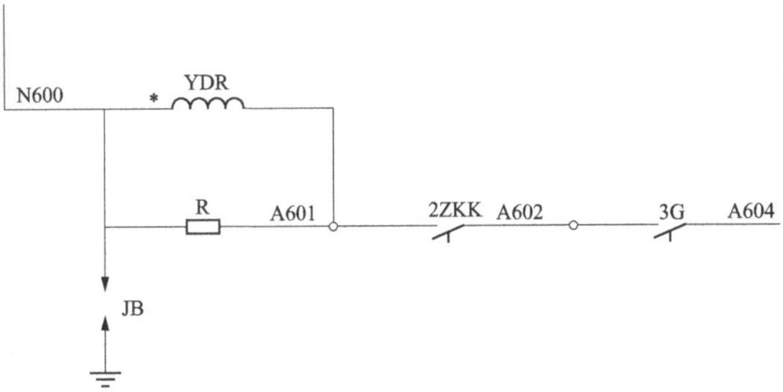

图 9-11　线路电压回路图

随后，在开关端子箱内，检查发现，端子排上有 2 处端子上回路编号排标示为 A602，而另一侧均未接线，量取一处 A602 电压为 100V 左右，说明此处 A602 为线路电压互感器端子箱至开关端子箱电缆，而另一处为开关端子箱至线路隔离开关机构箱的电缆。

5. 线路电压异常现场处置

由于此处旧端子排经为改造工程中换新端子排，判断接线时，两处端子排间的短接线，在新换端子排后未按原有接线恢复，导致两处 A602 悬空，现场恢复两处端子之间的短接线后，测控装置线路电压恢复正常。

9.2.3　综合分析

综上所述，本次某线测控装置母线电压原因：测控装置改造设计图纸与保护改造设计图纸对接存在问题，测控设计图纸中测控装置母线电压的 N600 未引入测控装置，测控装置用的电压接地基准为线路电压的 N600，而在保护设计图纸中，未将母线电压的 N600 与线路电压的 N600 短接，导致测控装置接收母线电压相电压存在偏移，显示异常。

本次某线测控装置线路电压原因：在施工过程中，更换了开关端子箱内部分端子排，在恢复接线时，将线路电压互感器端子箱至开关端子箱内的 A602 以及开关端子箱至线路隔离开关机构箱内 A602 电缆均悬空未短接，线路电压至开关端子箱后，即断线，未能正确输出至保护测控装置。而在保护屏内、开关端子箱内测出的 A604 所接端子上电压均为感应电压。

9.3 合并单元对时异常、测控装置 SV 失步告警消缺案例

9.3.1 异常现象

××月××日 17:00，某变电站后台及 OPEN-3000 显示××间隔多个异常光字，分别为测控装置 SV 总告警、测控装置异常、第一套合并单元对时异常、第一套合并单元异常。

9.3.2 现场处理过程

1. 原因初步分析

查阅间隔 SCD 文件，间隔 SV/GOOSE 链路相关信息如图 9-12 所示。依据现场异常现象及 SCD 文件相关信息运检人员初步判断：合并单元对时异常导致其与测控装置 SV 及 GOOSE 信息发送与接收不同步，进而合并单元和测控装置报 SV 异常和失步，主要原因可能为对时异常引起相关异常告警。

2. 现场检查

查阅××线对时光纤相关图纸，通过现场实际检查，该对时光纤路径：GPS 对时主时钟→主时钟屏光纤配线架→××线智能汇控柜光纤配线架→××线第一套合并单元装置。

(1) 对可能导致对时异常的情况分析如下：

1) GPS 主时钟输出异常。

2) GPS 主时钟至主时钟屏光纤配线架尾纤损坏。

3) 主时钟屏光纤配线架至××线智能汇控柜光纤配线架光纤路径损坏。

4) ××线智能汇控柜光纤配线架至××线第一套合并单元装置尾纤损坏。

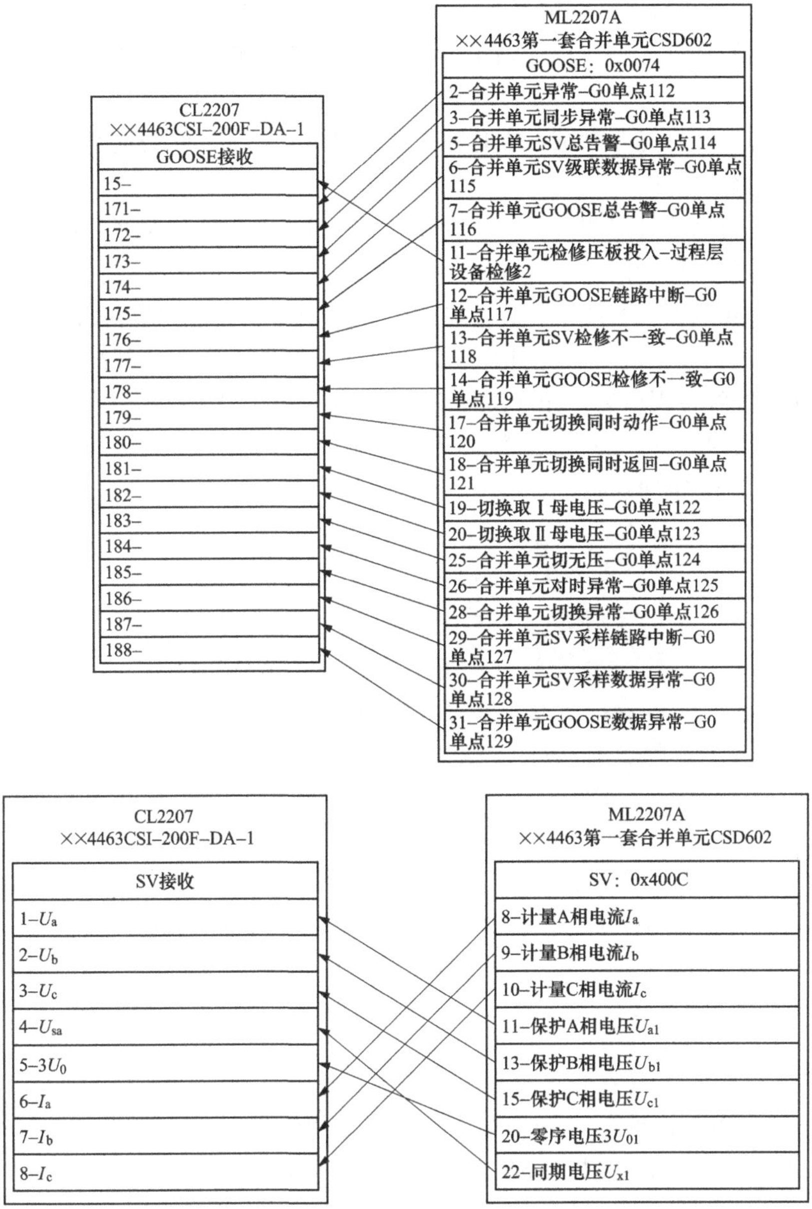

图 9-12　××线测控装置与第一套合并单元 SV/GOOSE 链路

5）××线第一套合并单元装置接收对时信号光口损坏。

6）××线第一套合并单元装置对时接收相关板件损坏。

（2）对以上可能导致对时异常的情况进行逐一排查：

1）由于凯默装置无法对 GPS 输出进行抓报文处理，考虑先进行下一步排查（待后续排查无误的情况下使用其他间隔链路进行实验性排查）。

2）进行尾纤光路测试，结论为 GPS 主时钟至主时钟屏光纤配线架尾纤良好。

3）进行尾纤光路测试，主时钟屏光纤配线架至××线智能汇控柜光纤配线架光纤路径损坏。

4）进行尾纤光路测试，××线智能汇控柜光纤配线架至××线第一套合并单元装置尾纤良好。

5）初步判断××线第一套合并单元装置接收对时信号光口及板件良好。

综上，判断主时钟屏光纤配线架至××线智能汇控柜光纤配线架光纤损坏，更换光纤备用口后，光纤路径恢复正常，如图 9-13 所示。××线第一套合并单元对时异常、SV 总告警复归，测控装置告警、SV 失步复归，后台及 OPEN-3000 光字均复归。

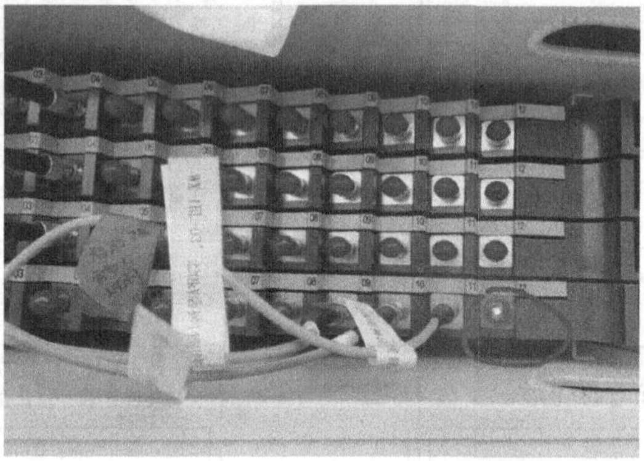

图 9-13　主时钟屏光纤配线架至××线智能汇控柜光纤配线架光纤备用口良好

9.3.3　综合分析

综上所述，光纤在施工过程中有所磨损，主时钟屏光纤配线架至××线智能汇控柜光纤配线架光纤损坏，导致××间隔第一套合并单元对时异常，继而引起××间隔测控装置 SV 总告警，测控装置异常告警。

9.4　主变压器 110kV 测控 SV、GOOSE 断链消缺案例

9.4.1　异常现象

2022 年××月××日，220kV××变电站后台报告，1 号主变压器 110kV 测控装置 SV 总告警、110kV 测控装置 GOOSE 总告警，接收 1 号主变

压器 110kV 第一套合并单元 SV 断链告警、接收 1 号主变压器 110kV 第一套合并单元 GOOSE 断链告警。运检人员进入现场检查发现，位于 1 号主变压器保护屏的 1 号主变压器 110kV A 网交换机 72n 的 PORT6 端口报告警信号。

9.4.2 现场处理过程

1. 原因初步分析

00:40 左右，运检人员进入现场开始排查。考虑到 18:00 左右，出现过 1 号主变压器 110kV 测控 SV、GOOSE 断链，经运检人员检查发现，为“1 号主变压器测控屏 110kV 测控装置 2-6n”至“1 号主变压器 110kV A 网交换机 72n”之间光纤故障，更换过一次备用芯后，链路恢复正常。

因此同样的故障再次出现，运检人员推测，“1 号主变压器测控屏 110kV 测控装置 2-6n”至“1 号主变压器 110kV A 网交换机 72n”光纤出现损坏。解除原光纤并临时直连备用尾缆后，“1 号主变压器 110kV A 网交换机 72n 的 PORT6 端口告警”信号复归。

2. 现场处置

(1) 接收 1 号主变压器 110kV 第一套合并单元 SV 断链消缺。运检人员更换“1 号主变压器测控屏 110kV 测控装置 2-6n”至“1 号主变压器 110kV A 网交换机 72n”的临时光纤后，1 号主变压器 110kV A 网交换机 72n 的 PORT6 端口亮灯正常（红变绿），后台“1 号主变压器 110kV 测控装置 SV 总告警”信号复归，二维表“1 号主变压器 110kV 测控接收 1 号主变压器 110kV 侧第一套智能终端 GOOSE 断链”告警复归。遗留“1 号主变压器 110kV 测控接收 1 号主变压器 110kV 侧第一套合并单元 GOOSE 断链”告警。

结合图 9-14，解除 1 号主变压器测控屏 110kV 测控装置 2-6n 后的接收光纤，通过凯默对上送报文抓包，发现 1 号主变压器 110kV 合并单元 GOOSE(0x0051 控制块）报文上送正常。

经过分析，故障范围进一步缩小至“1 号主变压器 110kV A 网交换机 72n”至“1 号主变压器测控屏 110kV 测控装置 2-6n”之间。

(2) 接收 1 号主变压器 110kV 第一套合并单元 GOOSE 断链消缺。结合现场实际情况，运检人员再次检查了光纤的实际连接关系，发现“1 号主变压器 110kV 合并单元”至“1 号主变压器 110kV A 网交换机 72n”的 SV 与 GOOSE 信号共用一对光口，然而“1 号主变压器 110kV A 网交换机 72n”至“1 号主变压器测控屏 110kV 测控装置 2-6n”之间的 SV、GOOSE 分别使用独立的两对光口（交换机 72n 上：SV 使用 PORT6、GOOSE 使用 PORT7）上送，两组信息流通过一根 4 芯尾缆直连，其拓扑联系如图 9-15 所示。

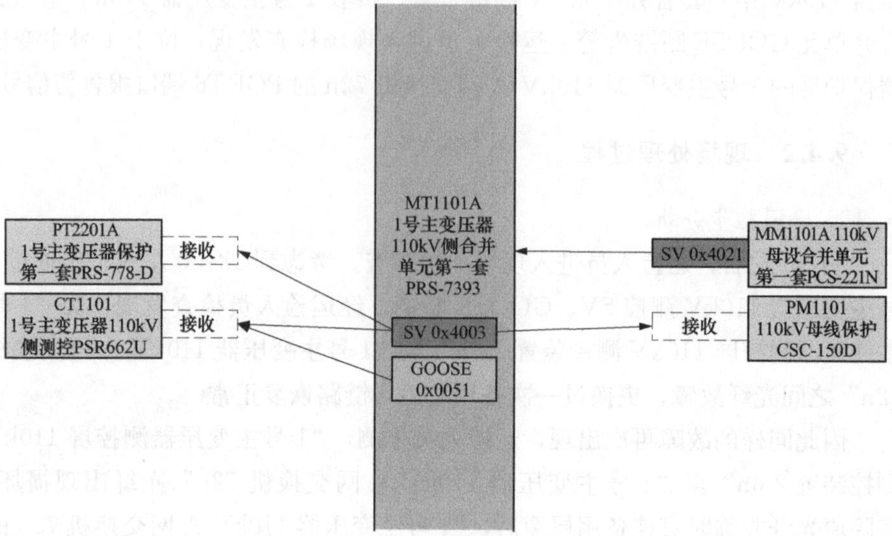

图 9-14　虚端子图

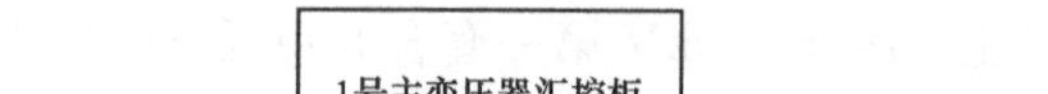

图 9-15　1 号主变压器 110kV 侧第一套合并单元光纤连接关系

10:00 左右，运检人员打开电缆层盖板，发现原尾缆 L 已被电缆槽盒的盖子与盒体之间的缝隙压迫至断开，如图 9-16 所示。

而通过临时转接的方式，仅仅修复了对应的 SV 链路，而 GOOSE 链路却依旧断链，如图 9-17 所示。

图 9-16　光纤断开故障点

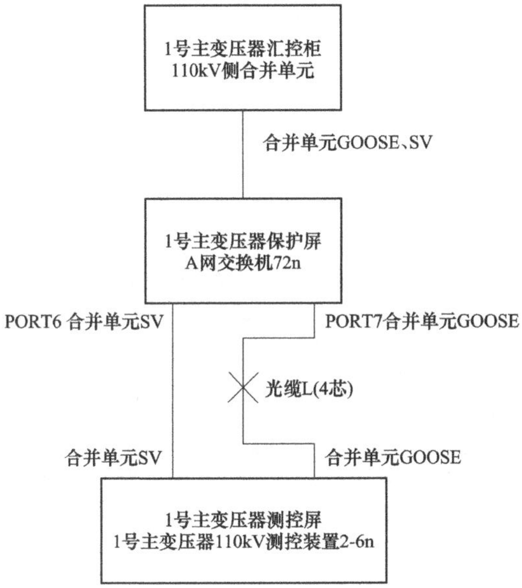

图 9-17　临时转接方式

最后通过整体更换 1 号主变压器测控屏 110kV 测控装置 2-6n 至 1 号主变压器 110kV A 网交换机 72n 的 PORT6、PORT7 之间的直连损伤尾缆，后台告警及二维表告警全部复归，恢复正常运行。

9.4.3　综合分析

综上分析，220kV××变电站后台报告，1 号主变压器 110kV 测控装置 SV 总告警、110kV 测控装置 GOOSE 总告警，接收 1 号主变压器 110kV 第一套合并单元 SV 断链告警、接收 1 号主变压器 110kV 第一套合并单元 GOOSE

断链告警原因为1号主变压器测控屏110kV测控装置2-6n至1号主变压器110kV A网交换机72n的PORT6、PORT7之间光纤损坏。

9.5 开关控制回路断线消缺案例

9.5.1 异常现象

2023年××月××日，220kV××变电站例行巡视时发现监控后台“2号主变压器220kV侧第二套智能终端运行异常”“2号主变压器220kV侧第二套智能终端控制回路断线”光字亮起，后台检索发现2日前出现过装置运行异常的SOE状态告警。现场检查，发现2号主变压器220kV侧第二套智能终端，“运行异常灯点亮”，A相合位指示灯熄灭，如图9-18所示。

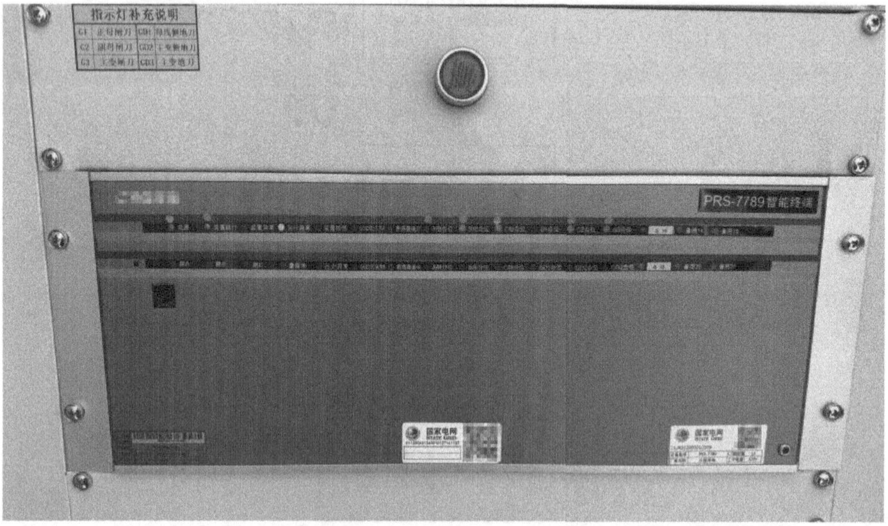

图9-18 2号主变压器220kV侧第二套智能终端异常情况

9.5.2 现场处理过程

1. 现场检查

一次方面：2号主变压器220kV开关三相合位，机构外观正常，开关机构内分合闸线圈外观正常，机构内接线正常，无灼烧或明显断点痕迹。

二次方面：2号主变压器220kV智能汇控柜第二套智能终端运行异常，A相合位灯不亮，汇控柜内二次设备及接线无其他异常，后台确报“2号主变压器220kV侧第二套智能终端运行异常”“2号主变压器220kV侧第二套智能终端控制回路断线”光字。

运检人员查阅图 9-19 智能汇控柜原理接线图后，对 2 号主变压器 220kV 智能汇控柜内第二组分闸回路（回路编号 237，端子排号 2-4K1D1）进行电位测量，发现电位为＋110V，判断缺陷位置位于第二组分闸控制回路中智能汇控柜以后的部分，即开关机构内。

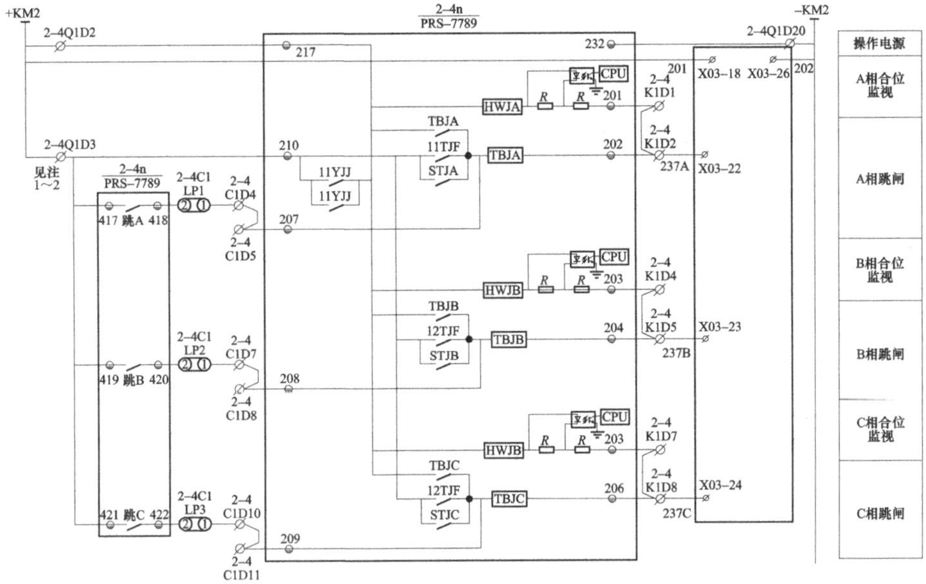

图 9-19　测量智能汇控柜内第二组分闸回路 237 电位

运检人员查阅图 9-20 机构接线原理图后，在 A 相开关机构内检查第二组分闸回路线圈两端电位及电阻情况，在机构内辅助端子排螺钉上测量第二组分闸线圈两端电压（端子排：P1A19 与 P1A22）时发现端子排螺钉有明显松动迹象，且线圈两端测量电位在＋110V 与－110V 两个电位之间来回跳动。

2. 现场处理

在征得上级部门同意并拉开 2 号主变压器 220kV 第二组控制电源后，运检人员对辅助端子排上第二组分闸回路螺钉进行了紧固，并测量了第二组分闸线圈电阻（84.7Ω），结果均正常。合上第二组控制电源后，控制回路断线告警消失，智能终端运行异常消失，后台光字恢复正常。

9.5.3　综合分析

结合 ZF16-252GCB 开关机构结构及动作特性，即辅助端子排安装在断路器的操动机构构件上，当断路器每次分合闸时，直接连接分合闸线圈两端的

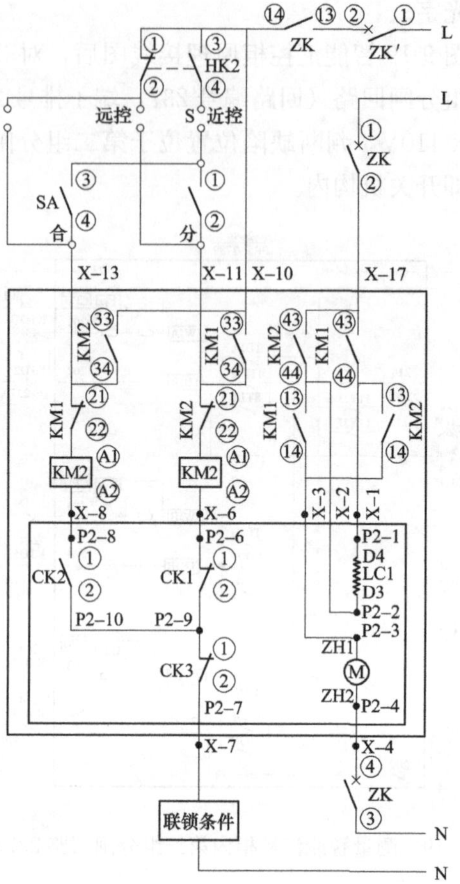

图 9-20　测量机构内 A 相第二组分闸线圈两端电位及电阻

辅助接线端子排也会随操动机构一起运动，且伴随着震动。由此确定此次缺陷为 2 号主变压器 220kV 开关机构箱内辅助端子排螺钉松动导致控制回路断线，智能终端运行异常。

进一步检查发现除 A 相开关机构外，其他两相开关机构内辅助端子排上所有螺钉都出现了不同程度的松动，此辅助端子排上接有 220kV 开关合闸线圈 Y1、220kV 第一组分闸线圈 Y2 以及第二组分闸线圈 Y3，如图 9-21 所示，个别螺钉已经弹出并将绝缘护罩震动出裂痕，由此可分析判断出断路器分合时所带来的震动效果严重程度。

此类缺陷为山东某公司 ZF16-252 GCB 系列开关机构家族缺陷，此类隐患位于开关机构内，正常运行时很难通过巡视发现，属于隐蔽性极强的缺陷，而其导致的后果也较为严重，会对电网的安全稳定运行构成极大威胁，具有集中排查的必要性和紧迫性。

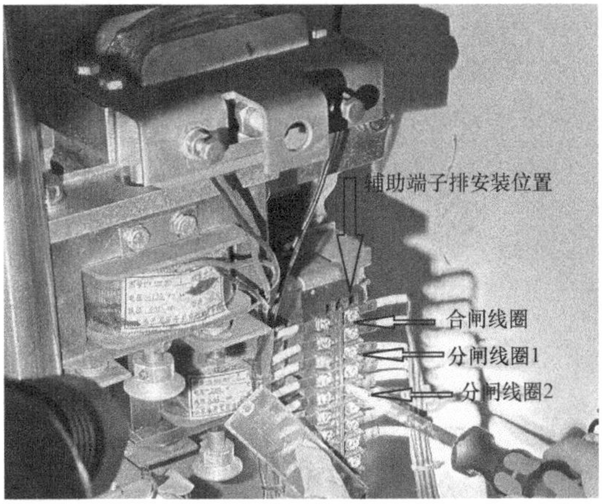

图 9-21　辅助端子排安装位置及现场紧固消缺情况